农业农村部农民教育培训规划教材

农作物病虫害统防统治

中央农业广播电视学校　组编

中国农业出版社
北京

编写人员名单

主　　编　赵　清　赵中华

参编人员　陈越华　储为文　王亚红

张东霞

指导教师　陈　吉　孙静茹

■编写说明

实施乡村振兴战略，是以习近平同志为核心的党中央从党和国家事业全局出发、着眼于实现“两个一百年”奋斗目标、顺应亿万农民对美好生活的期待，做出的重大决策部署，是决胜全面建成小康社会、全面建设社会主义现代化国家的重大历史任务。要实现乡村振兴、产业兴旺、生态宜居、乡风文明、治理有效、生活富裕的总要求，迫切需要大力开展农民教育培训，大幅提升农民综合素质，大幅提升农民生产技能和经营管理水平以适应农业农村现代化要求。实践证明，教育培训是实施乡村人才振兴的关键环节和基础工作，是培养高素质现代农业生产经营队伍，促进农民增收的有效途径。为做好农民教育培训工作，保证质量，农业农村部对农民教育培训教材进行了整体规划，并委托中央农业广播电视学校组织编写了本套规划教材，供相关机构开展农民教育培训使用。

本套教材定位服务教育培训，强调理实结合、产教融合，突出实践性、针对性和时效性，在选题上立足现代农业发展和乡村全面振兴，选择农民教育培训所需的职业素养、政策法规、农业创业、经营管理、现代农业等通用知识和产业专业技能进行开发；在内容上针对不同类型农民特点和需求，突出从种到收、从生产决策到产品营销全过程所需掌握的农业生产技术和经营管理能力；在体例上打破传统学科知识体系，以农业生产过程为导向构建编写体系，围绕生产过程和生产环节进行编写，实现教学过程与生产过程对接；在形式上按模块化编排，双色印刷，图文并茂，通俗易懂，利于激发农民学习兴趣。

《农作物病虫害统防统治》是本套农民教育培训规划教材之一。本教材采用模块化编写形式。书中安排有正文、知识链接、案例和思考题等，具有较强的可读性。本教材由赵清、赵中华任主编，由陈吉、孙静茹担任指导教师，负责编写组织工作，并按照农民教育培训要求对教材进行审定。

本书难免存在疏漏之处，敬请广大读者批评指正。

中央农业广播电视学校

2019年6月

目录

模块一 常见农作物病虫害识别及防治

学习目标

了解主要作物重要病虫害症状和发生特点，掌握所种植作物主要病虫害的防治方法。

一、水稻主要病虫害

(一) 稻瘟病（图 1－1、图 1－2）

稻瘟病又名稻热病，在我国各稻区都有发生，山区、半山区及沿海稻区发生较普遍。

【症状】

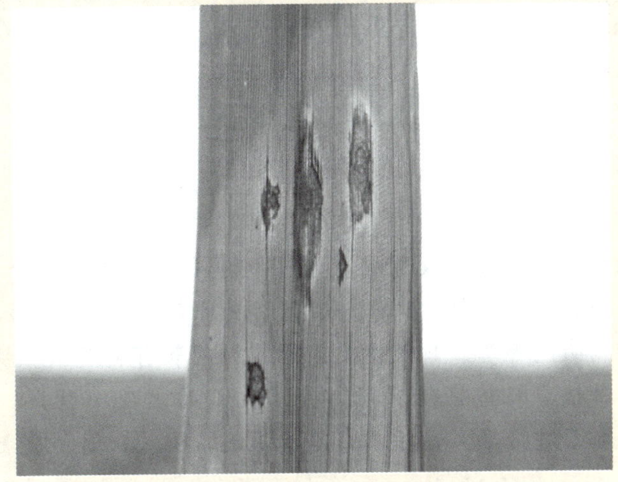

图 1－1　稻叶瘟病（潘战胜　摄）

在水稻整个生长期都有发生。叶片病斑有两种，一是急性型病斑，呈暗绿色，多数近圆形或椭圆形，斑上密生青灰色霉层；二是慢性型病斑，为梭形或长梭形，外围有黄色晕圈，内部为褐色，中心灰白色，有褐色坏死线贯穿病斑并向两端延伸，这是本病的一个重要特征。穗颈瘟，常在穗下第1节穗颈上产生淡褐色或墨绿色病斑，略凹陷，结实前发病，形成白穗。分枝或小枝发病，称作枝梗瘟，影响病枝结实。

图1-2　稻穗颈瘟病（潘战胜　摄）

【发生特点】

真菌性病害。病菌发育最适温度为25～28℃；高湿有利分生孢子形成、飞散和萌发，而高湿度持续达24小时以上，则有利病菌的侵入，造成病害的发生与流行。阴雨连绵、日照不足、结露时间长有利发病。抗病品种大面积单一化连续种植，极易导致病菌变异产生新的生理小种群，以致降低抗性。长期灌深水或过分干旱，污水或冷水灌溉，偏施、迟施氮肥等，均易诱发稻瘟病。

【防治方法】

1. 农业防治 因地制宜选用抗病良种是防治稻瘟病的根本方法。品种合理布局，避免品种单一化种植是延长抗性品种使用时间的有效途径。健身栽培是减轻发病危害的重要措施，合理施肥管水，多施农家肥，增施磷、钾肥，防止偏施、迟施氮肥，干湿交替适时晒田，以增强植株抗病力，减轻发病。

2. 药剂防治 药剂防治采取"抓两头，控中间"的策略，即重点抓好水稻秧田叶瘟和破口期穗瘟的防治。

(1) 施药适期。秧田在发病初期用药，对已发病的秧田移栽前要做好带药下田；本田分蘖期开始，每隔3天调查1次，主要查看植株上部3片叶，如发现发病中心或叶上急性型病斑，即应施药防治；预防稻穗颈瘟，以发生稻叶瘟的田块、感病品种以及多肥田为对象田，掌握在水稻孕穗末期至破口期打药；如气候适宜，齐穗期再用药1次。

(2) 药剂及用量。亩* 用20%三环唑可湿性粉剂100克，或40%稻瘟灵（富士1号）乳油80～100毫升，加水30～50千克均匀喷雾，或加水15千克进行低容量喷雾。多菌灵、敌瘟磷和春雷霉素等药剂也可用于防治稻瘟病，并有一定的治疗作用。

【注意事项】

三环唑对稻瘟病预防效果好，但没有治疗作用。防治叶瘟应掌握在病害发生前用药，防治稻穗颈瘟在水稻破口前施药。

（二）水稻纹枯病（图1－3）

水稻纹枯病又名烂脚秆。在我国各稻区普遍发生。

【症状】

一般在分蘖期开始发病，最初在近水面的叶鞘上出现水渍状椭圆形病斑，以后病斑增多，常汇合成为不规则形的云纹状斑，其边缘为褐色，中部灰绿色或淡褐色。叶片上的症状和叶鞘上基本相同。病害由下向上扩展，严重时可上剑叶，甚至造成穗部发病。

---

* 亩为非法定计量单位，1亩≈667米^2。——编者注

图 1-3 水稻纹枯病（刘梦泽 摄）

【发生特点】

真菌性病害。菌丝的发育与致病温度均以 28℃最适宜，25～31℃和饱和湿度为病害流行的有利条件。过量施氮肥，过度密植，灌水过深均为诱发病害的主要因素。水稻从分蘖期发病，开始为水平扩展阶段，孕穗期前后进入垂直发展期，为发病高峰。

【防治方法】

1. 农业防治 加强健身栽培，增强植株抗病力，减少危害。①合理密植，实行东西向宽窄行条栽，以利通风透光，降低田间湿度；②浅水勤灌，适时晒田；③合理施肥，控氮增钾。

2. 药剂防治 药剂防治主要保护上部 3 片功能叶，在病害垂直发展期前施药。

（1）调查方法与防治指标。对低洼潮湿、菌核量大、多肥、生长过旺田块，在分蘖期开始调查，采取平行跳跃取样法：下田走5、6步后选点，每点间隔10丛以上，选5个点，每点查5丛，共查25丛，发病丛达8丛以上需施药防治。一般田块在孕穗期前后开始调查，方法和防治指标同前。

（2）药剂及用量。破口前5～7天和齐穗期各用30%苯甲·丙环唑（爱苗）乳油15毫升进行防治；单季晚稻、连作晚稻分蘖期病情超过防治指标时，每亩可用5%井冈霉素水剂150毫升加水50千克均匀喷雾。用30%苯甲·丙环唑（爱苗）乳油可兼治稻曲病、稻瘟病、紫秆病、胡麻叶斑病、稻粒黑粉病等多种水稻中后期病害。

【注意事项】

施药时田间要有水层，水稻分蘖末期后施药要增加用水量。

（三）水稻恶苗病（图1-4）

水稻恶苗病又名徒长病。全国各稻区都有发生。

【症状】

苗期发病，发病秧苗常枯萎死亡，未枯死的病苗为淡黄绿色，生长细长，一般高出健苗1/3左右。大田移栽后发病，病株叶色淡黄绿色，节间显著伸长，节部弯曲，变淡褐色，节上有许多倒生须根，一般在抽穗前枯死。

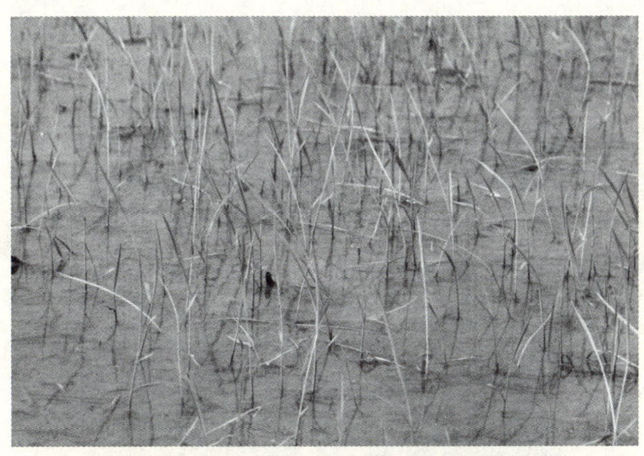

图1-4 水稻恶苗病（潘战胜 摄）

【发生特点】

真菌性病害。种子带菌，播种后，病菌随着种子萌发而繁殖，引起秧苗发病。病菌易从伤口侵入，播了受机械损伤的稻种，或秧苗根部受伤严重，发病就重。旱育秧发病常比水育秧重。

【防治方法】

种子消毒处理是防治本病的主要措施。用25%咪鲜胺水乳剂2 000～4 000倍液，浸种48～72小时，沥干后催芽。用10%二硫氰基甲烷乳油3 000～5 000倍液，浸种48～72小时，沥干后进行催芽播种，可兼治干尖线虫病。

【注意事项】

一般早稻浸种72小时，单季和连作晚稻浸种48小时。

（四）稻曲病（图1－5）

稻曲病又叫青粉病。我国各稻区都有发生。

【症状】

水稻穗期症状。初见颖谷合缝处露出淡黄绿色块状物，逐渐膨大，最后包裹全颖壳，比健谷大3～4倍，墨绿色，表面平滑，后开裂，散出墨绿色粉末，每穗病粒数从几颗到几十颗不等。

图1－5　稻曲病（潘战胜　摄）

【发生特点】

真菌性病害。水稻生长嫩绿，抽穗前遇多雨、适温（26～28℃最适宜），易诱发稻曲病。偏施氮肥，深水灌溉，田水排干过迟则发病重。品种抗病性有显著差异，密穗型品种发病较重，一些粳、糯稻和杂交稻易感病；在杂交稻中尤以制种田母本发病重。

【防治方法】

1. 农业防治 选用抗病良种，加强肥水管理。增施磷、钾肥，防止迟施、偏施氮肥；进行合理灌溉，以减轻发病。

2. 药剂防治

（1）防治适期。如孕穗至破口期多雨，则有利发病。应对杂交稻制种田、密穗型粳稻品种、其他感病品种及后期生长嫩绿的田块，在破口前5～7天进行药剂防治，如气候条件有利发病，则在齐穗期再用药1次。

（2）药剂及用量。药剂每亩可选用30%苯甲·丙环唑（爱苗）乳油15毫升，对水40～50千克，均匀喷雾。以上药剂可兼治纹枯病、云形病和稻粒黑粉病等水稻后期病害。

【注意事项】

防治稻曲病，掌握防治适期是关键。施药适期如遇雨天，要在雨停后及时施药。错过防治适期，防治效果会明显下降。

（五）水稻细菌性条斑病（图1-6）

水稻细菌性条斑病系国内植物检疫对象，在国内调种引种前进行产地检验。尤其在孕穗抽穗期，对繁种田块作产地检疫。

【症状】

叶面初期出现细小水渍状短条斑，逐渐发展成纵条斑，对光观察呈半透明，严重时全叶枯黄至红褐似火烧。湿度大时，叶面病斑上有许多菌脓胶粒，干燥后成黄色小珠，不易脱落。

图 1－6　水稻细菌性条斑病（刘万才　摄）

【发生特点】

细菌性病害。病原菌经伤口侵入叶片。病菌喜高温高湿，最适生长温度为 25～28℃。遇台风暴雨，淹水、漫灌或偏施、迟施氮肥发病重。品种间抗病性有显著差异。带病种子的调运是远距离传播的主要途径。

【防治方法】

1. 保护无病区　严格执行检疫，防止病区带菌种子和稻草进入无病区。

2. 注意选用抗病品种，搞好种子消毒　用 42％三氯异氰尿酸可湿性粉剂 10 克，对水 3～5 千克浸种，稻种预浸 12 小时后，用 42％三氯异氰尿酸可湿性粉剂 300～400 倍液，浸种 12 小时，洗净催芽。

3. 秧苗保护　在三叶一心期和移栽前对病区秧苗打药预防，每亩用 20％噻菌铜悬浮剂 100 毫升，或 20％噻唑锌悬浮剂 100 毫升，或 50％氯溴异氰尿酸可溶性粉剂 40～60 克，对水 30 千克，均匀喷雾。

（六）水稻条纹叶枯病（图 1－7）

水稻条纹叶枯病是由灰飞虱为媒介传播的病毒病，俗称水稻上的癌症。各类型稻均不枯心，病株常枯孕穗或穗小畸形不实。

【症状】

苗期发病，先在心叶基部沿叶脉出现褪绿黄斑，以后向上扩展成黄绿色相间的条纹，往往使心叶变细弱、扭转下垂。分蘖期发病，一般先在心叶及下一叶基部出现褪绿黄斑，以后扩展成不规则的黄色条斑，老叶仍保持正常绿色。拔节后发病，在剑叶下部出现黄绿色条纹。抽穗期形成枯孕穗，穗头小，枝梗及颖壳扭曲畸形。

图 1－7　水稻条纹叶枯病（刘梦泽　摄）

【发生特点】

病毒性病害，主要由灰飞虱传播。灰飞虱获毒后能终身传毒，并经卵传毒。

【防治方法】

条纹叶枯病的防治应采取综合防治措施。

1. 选种与栽培 种植抗病、耐病品种；加强健身栽培，从肥水管理方面改善稻田生境，增强稻株的抗病虫能力，抑制飞虱和病毒的滋生繁殖。

2. 选好秧田位置，集中育苗 避免将秧田安排在紧靠麦田和绿肥田的地方，防止灰飞虱就近迁入传毒。单季稻区，适当推迟水稻播栽期，减少第1代成虫迁入秧田和早栽大田的数量。

3. 药剂防治策略与防治指标 要坚持“切断毒链，治虫控病”的药剂防治策略，采取“治麦田、保秧田，治秧田、保大田，治前期、保后期”的办法，单季晚稻重点抓好秧田期防治。防治指标为水稻秧田和本田前期，灰飞虱有效虫量（灰飞虱虫量×带毒率）每平方米2～3头。防治药剂，可选用25%吡蚜酮可湿性粉剂20～30克/亩，或40%毒死蜱乳油100～120毫升/亩，加水40～50千克，均匀喷雾。

4. 使用病毒钝化剂 在灰飞虱成虫迁入高峰期至发病显症初期用8%宁南霉素（菌克毒克）水剂每亩30～45毫升或50%灭菌成（氯溴异氰尿酸）水溶性粉剂40～60克，加水30～40千克，均匀喷雾。

【注意事项】

在病区防治秧田和大田灰飞虱时，要同时对田四周杂草中的灰飞虱进行防治。注意轮换使用药剂。

（七）水稻螟虫（图1-8、图1-9）

水稻螟虫俗称钻心虫，危害水稻的螟虫有二化螟、三化螟和大螟，以二化螟为主，为我国水稻的主要害虫。近年来，水稻螟虫发生数量呈明显上升的态势。二化螟除危害水稻外，还能危害茭白、玉米、高粱、甘蔗、油菜、蚕豆、麦类，芦苇、稗、李氏禾等杂草。国内各稻区均有二化螟分布，北达黑龙江省克山县，南至海南省，较三化螟和大螟分布广，但主要以长江流域及以南稻区发生较重。

【危害状】

蛀食水稻茎部，危害分蘖期水稻，造成枯鞘和枯心苗；危害孕穗、抽穗期水稻，造成枯孕穗和白穗；危害灌浆、乳熟期水稻，造成半枯穗和虫伤株。危害株田间呈聚集分布，中心明显。大螟危害状与二化螟相似，但虫孔较大，有大量虫粪排出茎外，且田埂边危害较重。

图 1－8　二化螟幼虫（潘战胜　摄）

图 1－9　二化螟成虫（潘战胜　摄）

【发生特点】

二化螟 1 年发生 1～5 代。以幼虫在稻草、稻桩及其他寄主植物根、茎中越冬。螟蛾有趋光性，喜欢在叶宽、秆粗及生长嫩绿的稻田里产卵，苗期多在叶片上产卵，圆秆拔节后大多在叶鞘上产卵。初孵幼虫先侵入叶鞘集中危害，造成枯鞘，二到三龄后蛀入茎秆，造成枯心、白穗和虫伤株。初孵幼虫，在苗期水稻上一般分散或几条幼虫集中危害；在大的稻株上，一般先集中危害，数十至百余条幼虫集中在一稻株叶鞘内，至三龄幼虫后才转株危害。

【防治方法】

1. 农业和人工防治 灌水杀蛹减少虫源，在早春二化螟化蛹高峰期，灌深水（10厘米以上，要浸没稻桩）3～4天，能淹死大部分老熟幼虫和蛹。

2. 化学防治 药剂防治应采取“狠治第1代，巧治第2代，治好第3代”的策略。

（1）“两查两定”。防治枯鞘、枯心：一查卵块孵化进度，定防治适期，在螟卵孵化至一龄幼虫高峰期用药防治。二查枯鞘团密度，定防治对象田，早稻分蘖期，螟卵孵化高峰后5～7天，枯鞘丛率5%～8%；晚稻分蘖期，螟卵孵化高峰后3～5天，枯鞘丛率5%～8%，应进行防治。防治虫伤株：一查卵块孵化进度，定防治适期，在卵块孵化高峰期用药；二查中心危害株密度，定防治对象田，早稻抽穗扬花期，在螟卵孵化高峰期，每亩有中心危害株100个，或丛害率1.0%～1.5%；晚稻孕穗、抽穗期，螟卵孵化高峰后5～7天，每亩有中心危害株100个，或丛害率2%，应进行防治。

（2）药剂处方。每亩用20%氯虫苯甲酰胺胶悬剂10毫升，40%氯虫·噻虫嗪水分散粒剂8～10克，或20%三唑磷乳油120毫升，加水30～50千克，均匀喷雾。

（3）注意事项。施药时保持田中有水层，以确保防治效果。在二化螟对三唑磷已产生高水平抗药性稻区，应停止使用三唑磷防治二化螟。

（八）稻纵卷叶螟（图1-10）

稻纵卷叶螟俗名刮青虫，主要危害水稻。

【危害状】

初孵幼虫取食心叶，出现针头状小点，也可先在叶鞘内危害。随着虫龄增大，幼虫在稻叶两边叶缘吐丝，纵卷叶片成圆筒状虫苞。幼虫藏身其内，啃食叶肉，表皮呈白色条斑。严重时“虫苞累累，白叶满田”。孕、抽穗期受害损失最大。

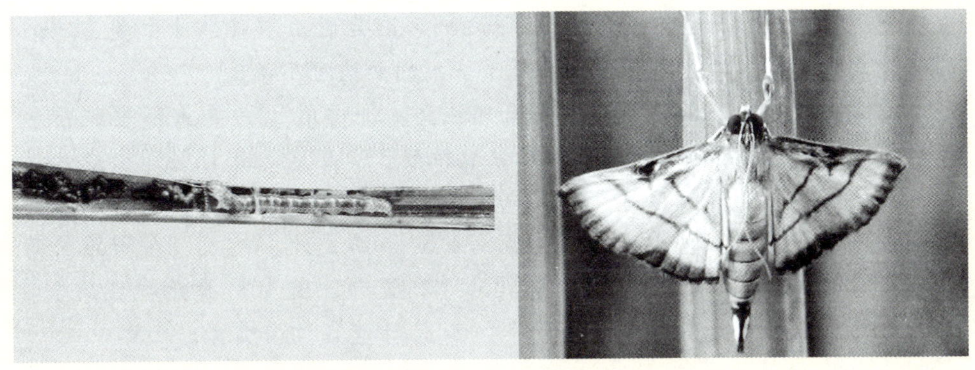

图 1－10　稻纵卷叶螟幼虫（左）和成虫（右）（潘战胜　摄）

【发生特点】

稻纵卷叶螟是一种迁飞性害虫，以南岭山脉为界，岭南为常年越冬区，岭北为零星越冬区，北纬 30°以北稻区不能越冬，故南岭以北稻区初次虫源均自南方迁来。成虫有趋光性，栖息趋荫蔽性和产卵趋嫩性，适温高湿产卵量大。初孵幼虫大部分钻入心叶危害，进入二龄后，则在叶上结苞。幼虫一生食叶 5～6 片，多达 9～10 片，食量随虫龄增大而增大。幼虫老熟后在稻丛基部黄叶及无效分蘖嫩叶上结薄茧化蛹。

【防治方法】

1. 农业防治　合理施肥，适时烤搁田，降低田间湿度，防止稻株前期猛发嫩绿，后期贪青迟熟。

2. 化学防治　根据水稻孕、抽穗期受害损失大的特点，药剂防治的策略为狠治穗期世代，挑治一般世代。

(1)“两查两定”。一查蛾子消长、幼虫龄期，定防治适期，在二龄幼虫高峰前用药；二查有效虫量，定防治对象田，防治指标为，分蘖期每 100 丛 40～50 头，孕穗期每 100 丛 20～30 头有效虫量。

应用序贯抽样表，例如穗期防治指标为 100 丛 20 头，若调查 10 丛，累计虫量 6 头，对照抽样表，超过上限（4.6 头），则判断已达防治指标，定为防治对象田；如调查 30 丛仅 1 头虫时，未达下限虫量（1.5 头），可确定未达防治指标，不需防治；若虫量一直处于上、下限之间，可继续调查，一直查到70丛为止，如仍处于上、下限之间，则靠近上限（累计虫量20头）的一边需防治，靠近下限（累计虫量7头）的一边可不治。

（2）药剂处方。在二龄幼虫高峰期施药，每亩用20%氯虫苯甲酰胺悬浮剂10毫升或40%氯虫·噻虫嗪水分散粒剂8～10克，或15%茚虫威悬浮剂12毫升，或1.8%阿维菌素乳油80～100毫升；在孵卵盛期至一龄幼虫高峰期施药，每亩用32%丙溴·氟铃脲乳油50～60毫升，或25.5%甲维·丙溴磷乳油100毫升，或50%丙溴磷乳油100毫升，或40%毒死蜱乳油100毫升，或50%稻丰散乳油100毫升。加水30千克，均匀喷雾。

【注意事项】

施药要匀，用药时间以傍晚为好，阴天可全天用药；注意轮换使用药剂。

（九）褐飞虱（图1－11）

褐飞虱又名褐稻虱，有远距离迁飞习性，是包括我国在内的许多亚洲国家水稻上的首要害虫。褐飞虱为单食性害虫，只在水稻和普通野生稻上取食和繁殖后代。

【危害状】

成虫和若虫群集稻株茎基部刺吸汁液，并产卵于叶鞘组织中，致叶鞘受损出现黄褐色伤痕。受害水稻生长受阻，叶黄株矮，茎上布满褐色卵痕，毁秆倒伏，形成枯孕穗或半枯穗，甚至死苗。

图1－11　褐飞虱（潘战胜　摄）

【发生特点】

褐飞虱是一种迁飞性害虫，终年繁殖区，北纬19°以南的海南省南部；少量越冬区，北纬19°～25°之间，又以北纬12°以南为常年稳定越冬区；不能越冬区，北纬25°以北的广大稻区。每年褐飞虱发生代数，自北而南递增。初次虫源均随春、夏季暖湿气流，由南向北逐代逐区迁入。成、若虫一般栖息于阴湿的稻丛下部；成虫喜产卵在抽穗扬花期的水稻上，产卵期长，有明显的世代重叠现象。成虫多产卵于叶鞘中央肥厚部分，每头雌虫一般产卵300～700粒，短翅型成虫产卵量比长翅型多。褐飞虱喜温暖高湿的气候条件，在相对湿度80%以上，气温20～30℃，尤其26～28℃时，有利于褐飞虱发生危害。

【防治方法】

1. 农业防治 加强肥水管理，做到基肥足，追肥早，适期烤搁田，降低田间湿度，使水稻生长健壮，可明显减轻危害程度。

2. 保护利用天敌 褐飞虱天敌种类多，数量大，稻田主要有蜘蛛和黑肩绿盲蝽，应加强保护利用，尤其在化学防治中应注意采用选择性药剂，调整用药时间，改进施药技术，减少用药次数，以避免大量杀伤天敌。

3. 化学防治 防治策略，单季稻为“治三、压四、控五”；连作晚稻为“治四、压五”。重点抓好主害代前一代褐飞虱的防治。

（1）“两查两定”。一查虫龄，定防治适期：褐飞虱防治适期为一到二龄若虫高峰期。二查虫口密度，定防治对象田。主害代前一代防治指标，平均每丛有虫1～2头。主害代的防治指标，5丛中的虫量：孕穗期常规稻为50头，杂交稻为75头；齐穗期常规稻为75头，杂交稻为100头。查飞虱时，也要查蜘蛛数量，确认蛛虱比例，早稻以微蛛为主，比例为1∶（4～5）；晚稻以大蜘蛛为主，比例为1∶（8～9）。如蛛虱比例偏低，应立即施药；如蛛多，暂不打药，隔3～5天再查。

（2）药剂处方。每亩用25%噻嗪酮可湿性粉剂40～50克，或25%吡蚜酮可湿性粉剂20～30克，或40%毒死蜱乳油100毫升或20%异丙威乳油100～150毫升或25%速灭威可湿性粉剂150克，加水50～100千克喷雾。晚稻断水后，每亩用80%敌敌畏乳油300～400毫升，拌潮土20～25千克，在中午温度高时撒施，进行熏蒸。对已产生较严重抗药性的褐飞虱，可选用

106克/升三氟苯嘧啶（佰靓珑）悬浮剂，每亩用量16毫升，对水均匀喷雾防治。

【注意事项】

①噻嗪酮对褐飞虱高龄若虫和成虫防治效果较差，在田间虫龄不整齐或高龄若虫、成虫比例较高时，应与毒死蜱、异丙威、速灭威等速效性药剂混用。②褐飞虱对吡蚜酮具高水平抗药性的地区，可用佰靓珑防治褐飞虱。③施药时稻田保持水层，水稻生长后期或超级稻应加大用水量。

（十）稻蓟马（图1－12）

危害水稻的蓟马主要有稻蓟马、稻管蓟马和花蓟马等。

【危害状】

成、若虫以口器锉破叶面，成微细黄白色斑，叶尖两边向内卷折，渐及全叶卷缩枯黄。晚稻秧田及苗期直播稻受害严重。

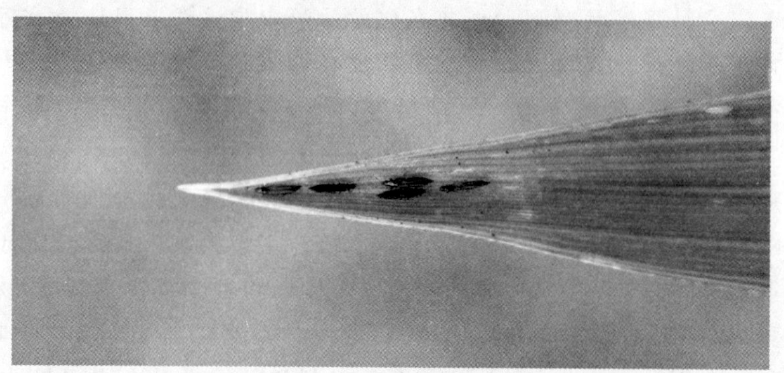

图1－12　稻蓟马（潘战胜　摄）

【发生特点】

稻蓟马生活周期短，发生代数多，世代重叠，多数以成虫在麦田、茭白及禾本科杂草等处越冬。成虫有明显趋嫩绿稻苗产卵习性，卵散产于叶脉间。秧苗期是稻蓟马的严重危害期，尤其单季和连作晚稻秧田和单季直播稻苗期受害较重。

【防治方法】

1. 农业防治 早稻秧出苗前，铲除田边、沟边杂草，清除田埂地旁枯枝、落叶，消灭越冬虫源；受害较重田块，在施药前后，增施1次速效肥料，促稻苗复青。

2. 化学防治 化学防治重点抓好水稻苗期稻蓟马的防治。

(1)“两查两定”。一查发生期和苗情，定防治适期：水稻苗期，以苗情为基础，虫情为依据，在若虫孵化高峰、叶尖初卷时为防治适期。二查卷叶率或虫量，定防治对象田：若虫孵化高峰期，叶尖初卷，卷叶率达50%时用药；出现受害黄苗为防治对象田。

(2) 药剂处方。对直播晚稻和单季晚稻、连作晚稻秧田，播种前每亩稻种用35%丁硫克百威拌种剂20克或10%吡虫啉可湿粉剂30克拌种后播种，可控制前期稻蓟马。秧田和直播稻苗期，每亩用10%吡虫啉可湿性粉剂20～30克，或40%毒死蜱乳油80毫升，或25%吡蚜酮可湿性粉剂20克，加水30千克，均匀喷雾。

【注意事项】

注意轮换使用药剂，喷药时雾滴要细，喷雾要均匀。

（十一）稻水象甲（图1－13）

稻水象甲又称稻根象，稻象甲。稻水象甲为全国二类检疫性害虫，原产北美洲。

【危害状】

稻水象甲成虫和幼虫均能危害，幼虫蛀食稻根，成虫在水稻叶尖、叶缘或顺叶脉取食叶肉，形成宽约0.08厘米、长不超过3厘米、长短不一的白条取食斑。

图 1－13　稻水象甲（潘战胜　摄）

【发生特点】

1 年发生 1 代，成虫在沟、渠、埝、埂的杂草和落叶中越冬。有群集性，耐饥、耐旱力很强。早春当日平均气温上升到 10℃以上，越冬成虫复苏取食，随秧苗或迁飞入本田，一般田边危害重于田中。成虫具趋光性、迁飞性。稻水象甲可随稻秧、稻草、稻种及加工品的调运进行远距离传播。

【防治方法】

1. 严格检疫制度，防止传入、传出。

2. 综合防治措施

（1）农业防治。将水育移栽改为旱直播，可有效抑制落卵；冬耕、冬灌，减少越冬虫源，调整播期以错开作物敏感期，控制害虫发生量。

（2）化学防治。越冬场所防治，早春在稻田四周的越冬场所，每亩用 20％三唑磷乳油 100 毫升，加水 50～70 千克，均匀喷雾；本田防治越冬成虫，关键时期为本田插秧后 1 周左右，每亩用 20％三唑磷乳油 100 毫升或 40％毒死蜱乳油 100 毫升，对水 40～50 千克，均匀喷雾；越冬代成虫防治不佳，可于插秧后 3 周，成虫产卵末期，每亩用 20％三唑磷乳油 100 毫升，对水 50 千克，均匀喷雾。

二、小麦主要病虫害

（一）小麦锈病（图 1－14）

小麦锈病，主要分布于西北、西南、华北小麦产区，历史上曾对小麦生产造成重大损失。一般小麦锈病发病越早，小麦生产损失越重，最高可减产 80%以上，甚至绝收。

【症状】

3 种锈病的主要症状可概括为“条锈成行，叶锈乱，秆锈是个大红斑”。条锈主要危害小麦叶片，也可危害叶鞘、茎秆、穗部。夏孢子堆在叶片上排列呈虚线状，鲜黄色，孢子堆小、长椭圆形，孢子堆破裂后散出粉状孢子。叶锈主要危害叶片，叶鞘和茎秆上少见。夏孢子堆较小，橙褐色，在叶片上散生。秆锈主要危害茎秆和叶鞘，也危害叶部和穗部。夏孢子堆较大，长椭圆形，深褐色，不规则散生。夏孢子堆穿透叶片的能力较强，同一侵染点在正、反面都可出现孢子堆，而叶背面的孢子堆较正面的大。

图 1－14 条锈（左）、秆锈（中）、叶锈（右）（龙池农技中心 供）

【发生规律】

小麦条锈病是典型的远程气传性病害，主要在我国西北和西南高海拔、低气温地区越夏。越夏区产生的夏孢子经风吹到广大麦区，在适合的温度（14～17℃）和有水滴或水膜的条件下侵染小麦。夏孢子在寄主组织内生长，潜育期长短因环境不同而异。每个夏孢子堆可持续若干天产生夏孢子，夏孢子繁殖很快，可随风传播到几百千米以外的地方而不失活性，进行再侵染。因此，条锈菌借助东南风和西北风的吹送，在高海拔冷凉地区晚熟春麦和晚

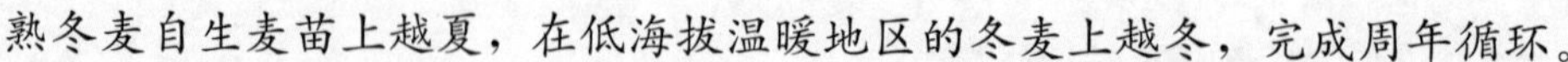

熟冬麦自生麦苗上越夏，在低海拔温暖地区的冬麦上越冬，完成周年循环。

【防治方法】

小麦锈病的防治应贯彻“预防为主，综合防治”的植保方针，严把“越夏菌源控制”“秋苗病情控制”和“春季应急防治”这三道防线。做到发现一点，保护一片，点片防治与普治相结合，群防群治与统防统治相结合等多项措施综合运用；坚持“综合治理与越夏菌源的生态控制相结合”和“选用抗病品种与药剂防治相结合”，把损失降到最低限度。

1. 农业防治

（1）因地制宜种植抗病品种，这是防治小麦锈病的基本措施。

（2）小麦收获后及时翻耕灭茬，去除自生麦苗，减少越夏菌源。

（3）合理布局麦区抗病品种，切断菌源传播路线。

2. 药剂防治

（1）拌种。用种子量0.03%的2%戊唑醇拌种剂拌种，或用15%三唑酮可湿性粉剂75克与50千克种子，或20%三唑酮乳油75毫升与50千克种子干拌。拌种力求均匀，拌过的种子于当日播完。注意，用三唑酮拌种要严格掌握用药剂量，避免发生药害。

（2）大田喷药。对早期出现的发病中心要进行集中防治，切实控制其蔓延。大田内病叶率达0.5%～1%时立即进行普治，每亩可用12.5%烯唑醇可湿性粉剂30～35克或20%三唑酮乳油45～60毫升，或选用其他三唑酮、烯唑醇类农药按要求的剂量进行喷雾防治，并及时查漏补喷。重病田要进行2次喷药。

（二）小麦白粉病（图1－15）

小麦白粉病广泛分布于我国各小麦主要产区，近年来在东北、华北、西北麦区有日趋严重之势。小麦受害后，可致叶片早枯，分蘖数减少，成穗量下降，千粒重下降。一般减产10%左右，严重的达50%以上。

【症状】

小麦白粉病在小麦各生育期均可发生，可侵害小麦植株地上部各器官，以叶片和叶鞘为主，发病重时颖壳和芒也可受害。发病时，叶面出现1～2毫米的白色霉点，后逐渐扩大为近圆形至椭圆形白色霉斑，霉斑表面有一层白粉，遇有外力或振动立即飞散。这些粉状物就是菌丝体和分生孢子。后期病部霉层变为灰白色至浅褐色，病斑上散生有针头大小的小黑粒，即病原菌的闭囊壳。病斑可连片，导致叶片变黄和枯死。

图1-15 小麦白粉病（龙池农技中心 供）

【发生规律】

病菌以分生孢子在夏季气温较低地区的自生麦苗或夏小麦上侵染繁殖或以潜育状态度过夏季，也可通过病残体上的闭囊壳在干燥和低温条件下越夏。越冬病菌先侵染底部叶片，呈水平方向扩展，后向中上部叶片发展。发病早期发病中心明显。冬麦区春季发病菌源主要来自当地。春麦区，除来自当地菌源外，还来自邻近发病早的地区。小麦返青后，潜伏越冬的病菌恢复活动，产生分生孢子，借气流传播扩大危害。

【防治方法】

1. 种植抗、耐病品种。

2. 农业防治　越夏区麦收后及时耕翻灭茬，铲除自生麦苗；合理密植和施用氮肥，适当增施有机肥和磷、钾肥；改善田间通风透光条件，降低田间湿度。

3. 药剂防治

(1) 用种子重量的0.03%的6%戊唑醇悬浮种衣剂或25%三唑酮可湿性粉剂拌种，也可用4.8%苯醚·咯菌腈悬浮种衣剂100毫升对适量水拌种10千克，并堆闷3小时，兼治黑穗病、条锈病等。

(2) 在小麦抗病品种少或病菌小种变异大、抗性丧失快的地区，当小麦白粉病病情指数达到1或病叶率达10%以上时，开始喷洒15%三唑酮可湿性粉剂，每亩用有效成分8～10克；12.5%烯唑醇可湿性粉剂，每亩用有效成分4--6克；50%三唑酮胶悬剂，每亩用100克；33%多·酮可湿性粉剂，每亩用50克。也可根据田间情况采用杀虫、杀菌剂混配，兼治小麦白粉病、锈病等主要病虫害。

(三) 小麦赤霉病 (图1-16)

小麦赤霉病在全国各地均有分布，长江上游冬麦区和华南冬麦区常有发生，长江中下游冬麦区和东北春麦区发生最重。近年来，小麦赤霉病成为江淮和黄淮冬麦区的常发病害。该病主要危害小麦，一般可减产1～2成，大流行年份减产5～6成，甚至绝收。全国病害年发生面积超过1亿亩，对小麦生产构成严重威胁。

【症状】

小麦生长的各个阶段都能受害，以穗部为主。病菌最先侵染花药，其次为颖片内侧壁。侵染初期在颖壳上出现边缘不清的水渍状褐色斑，渐蔓延至整个小穗。病部褐色或枯黄，潮湿时可产生粉红色霉层，空气干燥时病部及以上枯死，形成白穗，不产生霉层，后期病部可产生黑色颗粒。

图1-16 小麦赤霉病

【发生规律】

小麦赤霉病病菌以腐生状态在田间残留的稻桩、玉米秸秆、小麦秆等各种植物残体上越夏、越冬。春季形成子囊壳，成熟后吸水破裂，壳内子囊孢子喷射到空气中，并随风雨传播（微风有利于传播）到麦穗上引起发病。小麦收获后，病菌又寄生于田间稻桩、麦秆上越夏、越冬。在小麦抽穗至扬花期，如遇连续 3 天以上降雨天气，即可造成病害流行。尤其扬花期侵染危害最重。

【防治方法】

以选用抗病品种为基础，药剂防治为关键，调整生育期、避危害为综合防治策略。

1. 选用抗病品种 小麦赤霉病常发区应选用穗形细长、小穗排列稀疏、抽穗扬花整齐集中、花期短、残留花药少、耐湿性强的品种。

2. 做好避害栽培 根据当地常年小麦扬花期雨水情况适期播种，避开扬花多雨期。保证田间沟沟通畅，增施磷、钾肥，促进麦株健壮，防止倒伏早衰。

3. 狠抓药剂防治 小麦赤霉病防治的关键是抓好抽穗扬花期的喷药预防。一是要掌握好防治适期，当 10%小麦处于抽穗至扬花初期，喷第 1 次药；二是要选用渗透性、耐雨水冲刷性和持效性较好的农药，每亩可选用 25%氰烯菌酯悬浮剂 100～200 毫升，或 40%戊唑·咪鲜胺水乳剂 20～25 毫升，或 28%烯肟·多菌灵可湿性粉剂 50～95 克，对水 30～45 千克，细雾喷施。视天气情况、品种特性和生育期早晚隔 7 天左右再喷第 2 次药，注意交替轮换用药。如喷药后遇雨则需雨后补喷。

（四）小麦纹枯病（图 1－17）

小麦纹枯病广泛分布于我国各小麦主产区，尤以江苏、安徽、山东、河南、陕西、湖北及四川等省麦区发生普遍且危害严重。主要引起穗粒数减少、千粒重降低，还可引起倒伏或形成白穗等，产量损失一般 10%左右，严重者达 30%～40%。

【症状】

小麦受害后在不同生育阶段所表现的症状不同。危害主要发生在叶鞘和茎秆上。在基部叶鞘上形成中间灰色、边缘棕褐色的云纹状病斑，病斑融合后，叶茎基部呈云纹杆状，并继续沿叶鞘向上部扩展至旗叶。后期病斑侵入茎壁后，形成中间灰褐色、四周褐色的近圆形或椭圆形眼斑，茎壁失水坏死，最后病株枯死，形成枯株、白穗，结实少，籽粒秕瘦。

图 1－17　小麦纹枯病（龙池农技中心　供）

【发生规律】

病菌以菌核或菌丝体在土壤中或附着在病残体上越夏或越冬，成为初侵染主要菌源。病害的发生和发展大致可分为冬前发生期、早春返青上升期、拔节后盛发期和抽穗后稳定期四个阶段。早春小麦返青后随气温升高，病害发展加快；小麦拔节后至孕穗期，病株率和严重度急剧增长，形成发病高峰；小麦抽穗后病害发展缓慢，但病菌由病株表层向茎秆扩散，严重度上升，造成田间枯白穗。

【防治方法】

该病属于土传性病害，在防治策略上应以健身控病为基础，药剂处理种子、早春及拔节期药剂防治为重点。

1. 健身控病

（1）合理施肥。增施经高温腐熟的有机肥，不要偏施、过施氮肥，以防小麦过分旺长。

（2）适期晚播，合理密植。播种愈早，土壤温度愈高，发病愈重。合理控制播种量，培植丰产、防病的小麦群体，防止田间郁蔽，避免倒伏。

(3) 合理浇水。早浇、轻浇返青水，不要大水漫灌，以避免植株间长期湿度过大。及时清除田间杂草，疏通沟渠，排出雨后田间积水。

2. 药剂防治

(1) 播种前药剂拌种。用6%戊唑醇悬浮种衣剂3～4克拌麦种100千克，或用种子重量0.2%的33%多·酮可湿性粉剂拌种，或每10千克麦种用25%咯菌腈悬浮种衣剂10～20毫升拌种。一定要按要求用量拌种，否则会影响种子发芽。

(2) 喷雾防治。在小麦分蘖末期纹枯病纵向侵染、平均病株率达10%～15%时开始喷药。每亩用20%井冈霉素可湿性粉剂30克，或12.5%烯唑醇可湿性粉剂32～64克，或40%多菌灵胶悬剂50～100克，或70%甲基硫菌灵可湿性粉剂对水50千克，均匀喷雾。喷雾时要注意适当加大用水量，使植株中下部充分着药，以确保防治效果。

（五）小麦全蚀病（图1－18）

小麦全蚀病在我国不少省区均有分布，且多为省内补充检疫对象。小麦感病后，分蘖减少，成穗率低，千粒重下降，发病愈早，减产幅度愈大。拔节前显病的植株，往往早期枯死；拔节期显病植株，减产50%左右。

【症状】

小麦全蚀病是一种典型根病。病菌只侵染小麦根部和茎基15厘米以下部位。病株根和地下茎变黑腐烂，抽穗后茎基部变黑，腐烂加重，形成典型的“黑脚”症状。叶鞘易剥落，内生灰黑色菌丝层，后期产生黑点状突起。

图1－18　小麦全蚀病（龙池农技中心　供）

【发生规律】

小麦全蚀病菌以菌丝体在田间小麦残茬、夏玉米等夏季寄主的根部以及混杂在场土、麦糠、种子间的病残组织上越夏。小麦播种后，菌丝体从麦苗种子根侵入。小麦返青后，随着地温升高，菌丝增殖加快，沿根扩展，向上侵害分蘖节和茎基部。拔节后期至抽穗期，菌丝蔓延侵害茎基部1～2节，致使病株陆续死亡，田间出现早枯白穗。小麦灌浆期，病势发展最快。

【防治方法】

1. 植物检疫 无病区应防病菌传入，初发病区及早消灭发病中心。严格控制从病区大量引种。如确需调出良种，要选无病地块留种，单收单打，严防种子间夹带病残体传病。

2. 农业防治

（1）减少菌源。新病区零星发病地块，要机割小麦，留茬16厘米以上，单收单打。病地麦粒不做种，麦糠不沤粪，严防病菌扩散。

（2）定期轮作倒茬。病地停种两年小麦、玉米等寄主作物，改种大豆、高粱、麻类、油菜、棉花、蔬菜、甘薯等非寄主作物。

3. 药剂防治

（1）土壤处理。播种前选用70%甲基硫菌灵可湿性粉剂按每亩2～3千克加细土20～30千克，均匀施入播种沟中进行土壤处理。

（2）药剂拌种。12.5%硅噻菌胺悬浮种衣剂20毫升拌麦种10千克，或4.8%苯醚·咯菌腈悬浮种衣剂60～120毫升拌麦种10千克。

（3）药剂灌根。小麦返青期，用消蚀灵可湿性粉剂每亩100～150毫升、对水150千克灌根。

（六）小麦蚜虫（图1－19）

小麦蚜虫，又名腻虫，分为麦长管蚜、麦二叉蚜、禾缢管蚜、麦无网长管蚜。麦长管蚜在全国麦区均有发生；麦二叉蚜主要分布在我国北方冬麦区，特别华北、西北等地发生严重；禾缢管蚜分布于华北、东北、华南、华东、西南各麦区，是多雨潮湿麦区优势种之一；麦无网长管蚜主要分布在北京、河北、河南、宁夏、云南和西藏等地。

【危害状】

小麦蚜虫在小麦苗期，多集中在麦叶背面、叶鞘及心叶处；小麦拔节、抽穗后，多集中在茎、叶和穗部，刺吸危害，并排泄蜜露，影响植株的呼吸和光合作用。被害处呈浅黄色斑点，严重时叶片发黄，甚至整株枯死。穗期危害，造成小麦灌浆不足，籽粒干瘪，千粒重下降，引起严重减产。另外，麦蚜还是传播植物病毒的重要昆虫媒介，以传播小麦黄矮病毒危害最大。

图 1－19　小麦蚜虫（左），穗蚜（右）（龙池农技中心　供）

【发生规律】

麦蚜在适宜的环境条件下，以无翅型孤雌胎生若蚜生活。在营养不足、环境恶化或虫群密度大时，则产生有翅型麦蚜，迁飞扩散，但仍行孤雌胎生，只在寒冷地区秋季才产生有性雌、雄蚜，交尾产卵。4 种麦蚜 1 年均可发生 10～20 余代。小麦返青至乳熟初期，麦长管蚜种群数量最大，随植株生长向上部叶片扩散危害，最喜在嫩穗上吸食，故也称穗蚜。

【防治方法】

1. 防治策略　在黄矮病流行区，应以麦二叉蚜为主攻目标，早期治蚜控制黄矮病发展；非黄矮病流行区，应重点抓好小麦抽穗灌浆期麦长管蚜和

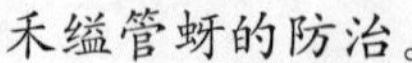

禾缢管蚜的防治。

2. 综合防治措施

(1) 调整作物布局。在西北地区麦二叉蚜和黄矮病发生流行区，应缩减冬麦面积，扩大春播面积；在南方禾缢管蚜发生严重地区，应减少秋玉米的播种面积。在华北地区提倡冬麦和绿肥间作，以保护、利用麦蚜天敌资源。

(2) 保护利用自然天敌。要注意改进施药技术，选用对天敌安全的选择性药剂，减少用药次数和数量，保护天敌免受伤害。当天敌与麦蚜比小于1∶150时，可不用药防治。

(3) 药剂防治。主要防治穗期麦蚜。首先查清虫情，在冬麦拔节、春麦出苗后，每3～5天在麦田随机取50～100株（麦蚜量大时可减株）调查蚜量和天敌数量，当百株（茎蚜）超过500头、天敌与蚜虫比在1∶150以上时，即需防治。可用50%抗蚜威可湿性粉剂4 000倍液、10%吡虫啉可湿性粉剂1 000倍液、50%辛硫磷乳油2 000倍液或菊酯类农药对水喷雾。在穗期防治时应考虑兼治小麦锈病和白粉病及黏虫等，每亩可用三唑酮6克加抗蚜威可湿性粉剂6克加灭幼脲悬浮剂2克（三者均指有效成分）混合，对上述病虫综合防效可达85%～90%。

（七）小麦吸浆虫（图1－20）

小麦吸浆虫又名麦蛆，分为麦红吸浆虫、麦黄吸浆虫两种，属昆虫纲双翅目瘿蚊科。麦红吸浆虫是世界性害虫，分布于欧、美、亚洲主产麦国，欧亚大陆是红、黄小麦吸浆虫混发区。在我国，麦红吸浆虫主要分布于黄河、淮河流域及长江、汉江、嘉陵江沿岸的主产麦区。麦黄吸浆虫一般主要发生在高山地带和某些特殊生态条件地区，如甘、宁、青、黔、川等省的某些区域。

【危害状】

吸浆虫主要危害小麦、大麦、燕麦、青稞、黑麦、硬粒麦等。被吸浆虫危害的小麦，其生长势和穗型大小不受影响，并且，被吸空麦粒的麦秆直立不倒，具有“假旺盛”的长势。受害小麦麦粒有机物被吸食，麦粒变瘦，甚至成空壳，出现“千斤的长势，几百斤甚至几十斤产量”的惨局。吸浆虫对小麦生产具有毁灭性，一般减产10%～30%，严重的达70%以上，甚至绝产。

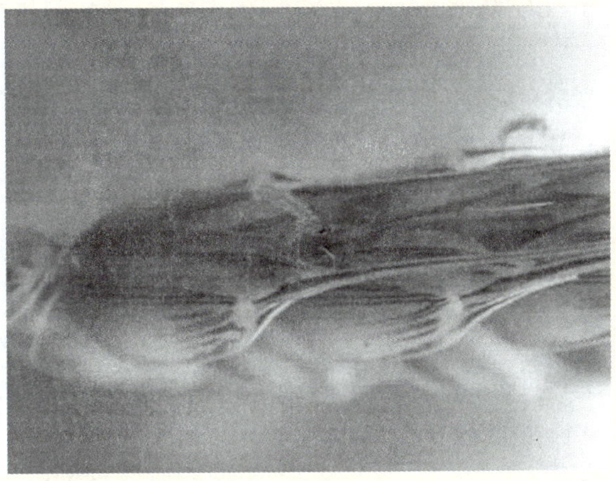

图 1－20 小麦吸浆虫（龙池农技中心 供）

【发生规律】

自然状况下两种吸浆虫均 1 年发生 1 代，有时因环境因素多年发生 1 代，麦红吸浆虫可在土壤内蛰居 7 年以上，甚至达 12 年，仍可羽化成虫。麦黄吸浆虫可蛰居 4～5 年。吸浆虫以老熟幼虫在土中结茧越夏、越冬。一般黄河流域 3 月上中旬越冬幼虫破茧活化向土表上升，4 月中下旬在地表大量化蛹，4 月下旬至 5 月上旬成虫羽化，在麦穗产卵。一般产卵 3 天后孵化，幼虫从颖壳缝隙钻入麦粒内吸食浆液。吸浆虫化蛹和羽化的早晚虽然依各地气候条件而异，但与小麦生长发育阶段基本吻合。一般小麦拔节期幼虫开始破茧上升，小麦孕穗期幼虫上升地表化蛹，小麦抽穗期成虫羽化，抽穗盛期也是成虫羽化盛期。吸浆虫具有“富贵性”，小麦产量高、品质好，土壤肥沃，利于吸浆虫发生。

【防治方法】

小麦吸浆虫的防治应贯彻“蛹期和成虫期防治并重，蛹期防治为主”的指导思想。

1. 选用抗虫品种 一般穗型紧密、内外颖缘毛长而密、麦粒皮厚、浆液不易外溢的品种抗虫性好。

2. 农业措施 对重虫区轮作，不进行春灌，水地旱管，减少虫源化蛹率。

3. 化学防治

（1）蛹期（小麦抽穗期）防治。每亩用5%毒死蜱粉剂600～900克或2.5%甲基异柳磷颗粒剂1.5千克，拌细土30千克均匀撒施；或50%辛硫磷乳油250毫升或80%敌敌畏乳油100毫升对水2千克配成母液，均匀拌细土（细沙土、细炉灰碴均可）25～30千克，均匀撒在地表。撒在麦叶上的毒土要及时用树枝、扫帚等工具扫落在地表上。要保持良好的土壤墒情，土壤干燥往往防治效果不佳。撒毒土后浇水效果更好。

（2）成虫期（小麦灌浆期）防治。每10网复次有成虫20头左右，或用手扒开麦垄一眼可见2～3头成虫，可立即防治。可选用50%辛硫磷乳油、10%吡虫啉可湿性粉剂、菊酯类等高效低毒药剂进行喷雾防治。禁用高毒农药。

（八）麦蜘蛛（图1-21）

麦蜘蛛又名红蜘蛛、火龙、红旱、麦虱子，分为麦长腿蜘蛛、麦圆蜘蛛两种。麦圆蜘蛛多发生在北纬37°以南各省，如山东、山西、江苏、安徽、河南、四川、陕西等地。麦长腿蜘蛛主要发生于黄河以北至长城以南地区，如河北、山东、山西、内蒙古等地。

【危害状】

麦蜘蛛春、秋两季危害麦苗，成、若虫都可危害，被害麦叶出现黄、白小点，植株矮小，发育不良，重者干枯死亡。

【发生规律】

麦长腿蜘蛛1年发生3～4代，以成虫和卵越冬，翌年3月成虫开始活动，卵陆续孵化。4～5月进入繁殖及危害盛期。5月中下旬成虫大量产卵越夏。10月上中旬越夏卵陆续孵化危害麦苗，完成1世代需24～26天。麦圆蜘蛛1年发生2～3代，以成、若虫和卵在麦株及杂草上越冬。3月中下旬至4月上旬虫量大，危害重，4月下旬虫口消退。越夏卵10月开始孵化，危害秋苗。每雌平均可产卵20余粒，完成1世代需46～80天。两种麦蜘蛛均以孤雌生殖为主。麦长腿蜘蛛喜干旱，在旱地麦田发生较重。麦圆蜘蛛在水灌麦田，低洼湿润或密植麦田发生较重。

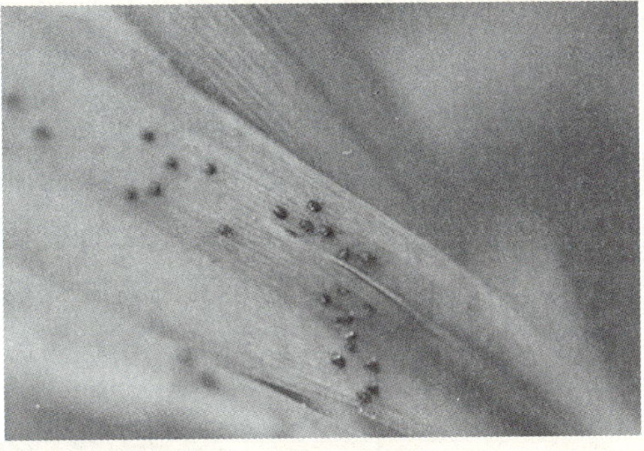

图 1－21 麦蜘蛛田间危害状（左）和放大图（右）（龙池农技中心 供）

【防治方法】

1. 农业防治 主要措施有深耕、除草、增施肥料、轮作、早春耙耱，有条件地区提倡旱改水，将旱田两年三熟制改为稻、麦两熟制，或先扫动麦株，再灌水消灭虫体等。

2. 化学防治 在冬小麦返青后，选当地发生较重的麦田进行调查；随机取 5 点，每点查 33 厘米，将白塑料布或盛水的盆置于地面，轻拍麦株，记载下落虫数，当平均每点幼虫数 200 头以上，上部叶片 20%面积有白色斑点时，应进行药剂防治。可选用阿维菌素类农药（如虫螨克、齐螨素等）、20%哒螨灵可湿性粉剂 1 000～1 500 倍液或 50%马拉硫磷乳油 2 000 倍液喷雾。

三、经济作物主要病虫害

（一）苹果树腐烂病（图 1－22）

苹果树腐烂病俗称烂皮病、臭皮病，是由苹果黑腐皮壳菌引起的真菌性病害。全国苹果产区发生普遍，危害趋重。

【症状】

危害苹果树枝干，主要形成溃疡型和枝枯型两种症状。

①溃疡型：主要危害结果树的主干和主枝，冬、春季发病盛期和夏、秋

季衰弱树发病多表现溃疡型。初期病部树皮上出现红褐色、水渍状、微肿、圆形至长圆形病斑，质地松软，易撕裂，手压凹陷，流出黄褐色汁液；剥开病皮，整个皮层组织呈红褐色腐烂，有较浓的酒糟味，容易剥离；溃疡多蔓延到木质部，木质部浅层常变红褐色。

②枝枯型：多在两到五年生的小枝、剪口、果台等处发病。病斑边缘不清晰，不肿起，不呈水渍状；病组织褐色或暗褐色，松软糟烂，感病枝条迅速失水干枯，病皮容易剥离；后期病斑表面产生很多小黑点。

图 1 - 22　苹果树腐烂病病斑（王亚红　摄）

【发生规律】

腐烂病病菌以菌丝体、分生孢子器和子囊壳在田间病株和病残体上越冬。发病周期开始于夏季，7 月为病菌侵入适期，此时苹果树上定殖的病菌从新生成的落皮层侵入形成表面溃疡；晚秋、初冬果树休眠期为发病盛期，冬季病菌继续向树体深层扩展；第 2 年早春气温上升，发病率激增，病菌扩展加快；晚春苹果树生长旺盛，病菌活动停止，1 个发病过程结束。一切可以削弱树势的因素，如不利的气候条件、不良的栽培管理方式、病虫害发生重等都能加重腐烂病的发生。病斑下的木质部带菌或病斑周围的树皮形成落皮层后受到外来病菌的侵染，是导致病斑复发的主要原因。

【防治方法】

1. 农业防治 加强栽培管理，增强树势，提高树体抵抗力。平衡施肥，增施有机肥和磷、钾肥；合理负载，疏花疏果，避免大小年；合理灌水，春灌秋控；树干涂白，预防冻害；尽量减少并保护各种伤口，对剪锯口、环割口等及时涂药保护。秋、冬季仔细检查、清洁果园，及时剪除病枝，刮除病斑，刮除粗老翘皮等病残组织，集中带出园外销毁。

2. 及时刮治病斑 逐园、逐树、逐枝认真检查，尤其侧枝与主干的分枝部位等易发病处，及时刮治腐烂病病斑。刮除时把病部的变色组织及周围5毫米左右健皮组织仔细刮净，刮口边缘整齐光滑，不留毛茬，达到“光、平、斜、滑”的标准，有利于病斑愈合。刮后消毒，涂抹4%甲基硫菌灵膏剂或1.6%噻霉酮（腐烂型）5倍液或45%代森铵涂抹剂，2周后再涂1次。超过树干1/4的大病斑，要及时桥接复壮。选一年生健康枝条作为接穗，在病斑上下边缘实行多枝桥接。半月内不能摇动桥接条。半月后用刀片轻划并去掉桥接条上的薄膜。

3. 药剂防治 在果树落叶后（11～12月）和早春萌芽前（3月中旬至4月上旬）2个关键时期，全树喷施45%代森铵（施纳宁）水剂400～500倍液或3～5波美度石硫合剂，铲除树体带菌。夏季6～7月份再用药剂涂抹树干和主枝，杀灭在落皮层定殖的病菌或潜伏病菌。

（二）苹果斑点落叶病（图1－23）

苹果斑点落叶病是由苹果链格孢强毒株系引起的真菌性病害。

【症状】

主要危害幼嫩叶片，也危害新梢、果实和叶柄。春梢生长期，幼嫩叶片最先发病，初期病斑为褐色圆形小斑点，周围常有紫褐色晕圈，边缘清晰。以后病斑逐渐增多或扩大，形成直径5～6毫米的红褐色病斑，中央常见一深色突起的小点。天气潮湿时，病斑正反面产生墨绿色至黑色霉状物。高温多雨季节，病斑扩展迅速，多个病斑相连形成不规则病斑，常占据叶片大部分。秋梢嫩叶染病最重，染病后生长受阻，常呈畸形。叶柄染病后，产生暗褐色圆形或椭圆形病斑，稍凹陷，病叶易从叶柄病斑处折断脱落。果实受害，果面产生褐色斑点，周围有红晕，初期仅限于表皮，贮藏期易受其他病菌侵染而腐烂。

图 1-23　苹果斑点落叶病（王亚红　摄）

【发生规律】

病菌以菌丝体在受害叶、枝条或芽鳞中越冬，叶芽是重要的初侵染源。第 2 年春季气温约 15℃时，遇小雨或空气潮湿即产生分生孢子，从伤口、皮孔或直接侵入嫩叶，随气流、风雨不断传播。苹果嫩叶最易被病菌侵染，而一般 30 天以上的老叶不易被侵染。

该病的发生流行与气候、品种、叶龄、树势强弱等密切相关，多雨潮湿有利于病害流行。春季苹果展叶后，若降雨早、雨日多、空气相对湿度 70%以上则田间发病早，扩展快。苹果新梢抽生期遇雨天，病斑明显增多，而在新梢停止生长期，即使有雨，新侵染病斑也很少。苹果品种间感病程度差异性较大，元帅系品种易感病，富士系品种中度感病。树势衰弱（特别是环剥、环割过重的树，连年动刀的树）、果园密植、通风透光不良、地势低洼、地下水位高等均易引起发病。

【防治方法】

1. 农业防治 加强田间管理，合理修剪，剪除徒长枝和病枝，改善果园通风透光条件；秋季果树落叶后，及时清除落叶、病果，集中深埋或带出园外烧毁，减少初侵染源。合理施肥，增施有机肥，避免偏施氮肥。土壤黏重、地下水位高的果园及时排水，降低园内湿度，改善果园生态条件，减少病害发生。

2. 药剂防治

（1）关键时期及时用药。第1次药剂防治的最佳时期是5月下旬病菌初次侵染前。往年发病严重地区，在花芽露红期即开始喷药防治，一般果园从落花后10～20天开始防治，10～15天1次，连喷2～3次，控制初侵染，这是全年防治的关键；在此基础上，密切注意7～8月份的降雨情况，雨后及时喷药2～3次，控制病害流行。

（2）根据病情发展，科学用药。花前、花后宜选用保护性杀菌剂，如50%代森锰锌可湿性粉剂800倍液；6～8月病菌多次侵染循环阶段，保护性杀菌剂和内吸治疗性杀菌剂并用，内吸治疗性杀菌剂如3%多抗霉素可湿性粉剂500～600倍液，或25%戊唑醇水乳剂2 000～2 500倍液，或50%异菌脲可湿性粉剂1 500倍液等。

（3）提高施药质量，保证防效。一是要确保施药液量，成龄果园每亩施药液量以200千克为宜。二是要均匀全面施药。喷药时从上到下，由内到外，叶片正反面都要均匀着药，不能漏喷，也不能多喷，以叶片充分湿润、又不会形成流动水滴为好。三是施药方法要科学。喷洒药液时要保持均衡的压力，喷头离果树叶片0.5米以上，以保证雾化效果。药液雾化程度愈高，防治效果愈好。

（三）桃小食心虫（图1－24）

桃小食心虫又名桃蛀果蛾、桃蛀虫，属鳞翅目蛀果蛾科，是仁果类和核果类果树的重灾害虫。我国各苹果产区均有不同程度虫害发生，主要危害苹果、梨、桃、枣、杏、李等多种果树的果实。近年由于苹果套袋技术的应用，危害有所减轻，但管理粗放的果园危害较重。

【危害状】

果实受害后，果面出现针头大小的蛀果孔，由孔流出泪珠状汁液，干涸后呈白色蜡状。幼虫蛀入后取食果肉，在果内形成弯曲纵横的虫道，大量虫粪留在果内，呈“豆沙馅”状。幼果被多个幼虫蛀果危害，常生长发育不良，形成凹凸不平的“猴头果”；后期受害的果实，果形变化不大；被害果大多有圆形的幼虫脱果孔，孔口常有少量虫粪，由丝粘连。

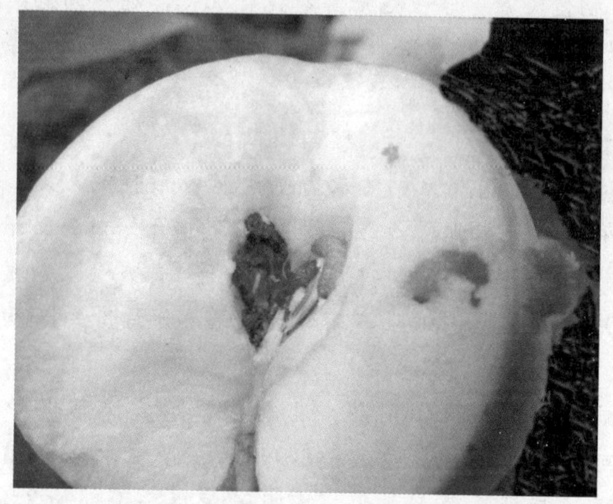

图1-24　桃小食心虫（王亚红　摄）

【发生规律】

1年发生1～2代。老熟幼虫在土中做冬茧越冬。第2年苹果落花后半月左右，幼虫开始出土，在地面做夏茧化蛹，蛹期约半月。羽化的成虫2～3天后开始产第1代卵，卵主要产于果实萼洼处，梗洼处较少。初孵幼虫在果面爬行一段时间后，从果实胴部蛀入果实危害，老熟后从果中脱出。第1代成虫高峰期一般在8月中下旬。9月中下旬第2代幼虫开始脱果入土越冬。越冬幼虫多集中在树干周围1～1.5米内。幼虫出土受土壤含水量影响较大，土壤含水量在10%以上时，能顺利出土；土壤含水量在3%以下，几乎不能出土。幼虫出土期遇到降雨或灌溉后2～3天，会出现幼虫出土小高峰。成虫无趋光性，白天不活动，多栖息于树干、枝条、叶背面或杂草上，夜间交尾、产卵。气温25～30℃、空气湿度大时有利于成虫产卵。

【防治方法】

采取综合措施，化学防治应在做好测报的基础上，坚持地面防治与树上防治相结合。

1. 农业防治 果树生长期，经常捡拾落地虫果和摘除虫果，并将其浸入水中以淹死幼虫；果实采收后，及时清除果园内虫果，降低虫源。

2. 生物防治 利用性诱剂诱杀成虫。苹果落花后半月，果园每亩放置性诱芯3～5个，诱杀雄蛾，减少受精卵量。诱芯的悬挂方法为在直径约15厘米的盆内加水至2/3处，水中加少量洗衣粉，诱芯悬挂在水面上方1～2厘米处，然后把盆悬挂在果树外缘树枝，离地面约1.5米。铁丝穿诱芯时，让其孔口向下或向侧面。及时清除诱盆内的死虫，诱芯应20～25天更换1次。

3. 药剂防治

①地面防治：性外激素诱捕器诱到成虫之日起或5月中下旬降雨或果园浇水后，用50%辛硫磷乳油200倍液，或25%辛硫磷微胶囊剂300倍液，或40%毒死蜱乳油400倍液，喷洒树盘后浅锄、耙平。

②树上喷药：成虫产卵期和幼虫孵化期，当果园卵果率达1%，或在诱捕器上出现成虫高峰期时立即喷药。药剂可选用20%氰戊菊酯乳油2 500倍液，或20%甲氰菊酯乳油2 500倍液，或30%氰戊·马拉松乳油1 500～2 000倍液等。间隔7～10天喷1次，连防2～3次。

4. 物理防治 一是灯光诱杀成虫，减少落卵量，减轻幼虫危害。4月下旬（果树花期）在果园安装频振式杀虫灯或太阳能杀虫灯，灯距100～150米，棋盘式分布，灯要稍高于果树，接虫盆（袋）口离地面1～1.5米，便于清理诱杀的害虫。二是果实套袋。三是地面盖膜杀虫，于越冬幼虫出土前，以树干基部为中心，在半径1.5米范围内的地面上覆盖塑料薄膜，用土压严薄膜边缘，可消灭出土幼虫和越冬代成虫。

（四）叶螨类（图1－25）

叶螨类主要有山楂叶螨、苹果全爪螨和二斑叶螨，属蛛形纲蜱螨目叶螨科，是北方落叶果树的一类主要害虫，主要危害苹果、梨、桃、杏、山楂、沙果等多种果树。

【危害状】

成螨、若螨、幼螨刺吸寄主汁液危害。严重受害后，芽不能继续萌发，叶片光合作用减弱，提早脱落。

山楂叶螨常群居叶背危害，严重时吐丝结网。叶片受害初期，正面出现许多苍白色斑点，后发展成褪绿斑块；受害严重时，叶背面呈现铁锈色，进而脱水硬化，全叶变黄褐色枯焦，似火烧状，提早脱落。

苹果全爪螨危害嫩芽，受害芽常不能正常展叶开花，甚至整芽死亡。受害叶正面布满黄白色斑点，最后全叶枯黄，但不提早落叶，也不拉丝结网。

二斑叶螨多在叶背取食和繁殖，叶片受害初期叶脉两侧失绿，逐渐扩大，后全叶焦枯；虫口密度大时，叶面上结薄层白色丝网，或在新梢顶端群集成虫球。

图 1－25　叶螨危害状（王亚红　摄）

【发生规律】

1 年发生 6～12 代，以受精雌成螨或卵在果树主干、主枝及侧枝的粗老翘皮、裂缝中及主干周围的土壤缝隙中群集越冬。第 2 年 3 月下旬至 4 月上旬，苹果花芽萌动后开始出蛰危害。一般苹果现蕾后至开花前是其出蛰盛期。苹果盛花期，越冬代成螨开始产卵，7～8 月高温干旱季节是全年发生危害高峰期。越冬雌成螨出蛰后顺枝干爬行扩散，最初集中在树冠内部，随着螨量增加，叶片营养条件变劣，成螨由树冠内膛向外围扩散，分布全树危害。高温干旱是促其大发生的重要气候因素。

【防治方法】

1. 农业防治　果树休眠期，刮除主干或分权主枝以上的粗老树皮，清除园内落叶、枯枝、杂物等，将其带出园外集中处理，减少越冬成螨。果园种草，为天敌提供适宜的栖息场所，增加自然天敌种群数量。加强栽培管理，增施优质有机肥，不偏施氮肥，及时浇水，中耕除草，剪除树根上的萌蘖；合理负载，提高果树本身的耐害能力和补偿能力。

2. 物理防治 在树干上捆绑诱虫带或草把、麻袋片等，诱杀越冬害螨。具体使用方法：害螨越冬前（8～9月），将诱虫带对接后用绳子或胶带绑扎在果树第1分枝下5～10毫米处，或固定在其他小枝基部5～10毫米处。害虫完全越冬休眠到出蛰前（12月到翌年2月），再解下诱虫带集中烧毁。诱虫带不可重复使用。

3. 生物防治 保护利用果园自然天敌，如捕食螨、食螨瓢虫、花蝽、草蛉等，也可于6月初，人工释放胡瓜钝绥螨、中国捕食螨等天敌控制害螨。

4. 化学防治 休眠期防治，可在果树萌芽前喷施3～5波美度石硫合剂或45%石硫合剂晶体20～30倍液，消灭树上越冬成螨。

①生长期防治一定要掌握适期偏早的原则，在3个关键时期用药，即谢花后半月越冬螨出蛰盛期、第1代螨卵孵化期和7月下旬至8月发生盛期。②药剂选择要综合考虑果树生育期、气候条件、害螨发生规律、药剂性质等多方因素，严格控制用药次数和用药的浓度，轮换、交替使用不同机制的杀螨剂。早春气温低时，应选用速杀性较好、在低温下能充分发挥药效的杀螨剂，如哒螨灵或唑螨酯，压低害螨基数。卵多、螨少并存时，选用杀卵效果好、卵螨兼治的长效型杀螨剂，如四螨嗪或噻螨酮。当成螨、若螨、卵并存时，害螨危害进入高峰期，选用对螨类各虫态都有效的杀螨剂，如喹螨醚、哒螨灵等。常用杀螨剂1.8%阿维菌素乳油3 000～5 000倍液，5%唑螨酯悬浮剂2 000～3 000倍液，20%喹螨醚悬浮剂4 000～5 000倍液，5%噻螨酮乳油2 000倍液，73%炔螨特乳油3 000～4 000倍液，15%哒螨灵乳油1 500～2 000倍液等，叶面喷施。

杀螨剂多具触杀性，而无内吸传导性，因此施药一定要均匀、全面，不能漏喷。除整个树冠喷雾外，重点保证果树内膛及骨干枝基部叶丛和外围枝所有叶片的正反两面都要喷到，尤其叶片背面主脉两侧螨卵密集处。若施药后6小时内遇雨，要重新补喷。

（五）茶尺蠖（图1-26）

茶尺蠖是我国茶园中最主要食叶类害虫之一，以取食茶树嫩叶为主，发生严重时可将成片茶园叶片食尽，严重影响茶树的树势和茶叶的产量。主要分布在浙江、江苏、安徽、湖南、湖北、江西、福建等省，浙江、江苏、安徽等茶区发生最为严重。

【形态特征】

茶尺蠖为完全变态昆虫，完成1个世代需要经过成虫、卵、幼虫和蛹4个阶段。成虫属中型蛾子，体长9～12毫米，翅展20～30毫米，有灰翅型和黑翅型两类。灰翅型体翅灰白色，翅面疏披茶褐色或黑褐色鳞片。黑翅型体翅黑色，翅面无纹。秋季，成虫一般体色较深，体型也较大。卵短椭圆形，常数十粒、百余粒重叠成堆，覆有白色絮状物，初产时鲜绿色，后渐变黄绿色，再转灰褐色，近孵化时为黑色。幼虫有4～5个龄期，一龄幼虫体黑色，后期呈褐色，各腹节上有许多小白点组成白色环纹和白色纵线；二龄幼虫体黑褐色至褐色，腹节上的白点消失，后期在第1、2腹节背出现2个明显的黑色斑点；三龄幼虫茶褐色，第2腹节背面出现1个“八”字形黑纹，第8腹节上有1个倒“八”字形黑纹。四到五龄幼虫体色呈深褐色至灰褐色，自腹部第2节起背面出现黑色斑纹及双重棱形纹。蛹长椭圆形，赭褐色，臀刺近三角形，末端有分叉短刺。

图1-26　茶尺蠖幼虫（左）、成虫（右）

【发生特点】

茶尺蠖1年发生5～6代，以蛹在茶树根际附近土壤中越冬，次年2月下旬至3月上旬开始羽化。成虫有趋光性，静止时四翅平展，停息在茶丛中。卵成堆产于茶树树皮缝隙和枯枝落叶等处。1个卵块孵化的数百头幼虫，一到二龄时常集中危害，形成发虫中心。初孵幼虫活泼，善吐丝，有趋光、趋嫩性，分布在茶树表层叶缘与叶面，取食嫩叶成花斑，稍大后咬食叶片成“C”字形；三龄幼虫开始取食全叶，分散危害，分布部位也逐渐向下转移；四龄后开始暴食，虫口密度大时可将嫩叶、老叶甚至嫩茎全部食尽。幼虫老熟后，爬至茶树根际附近表土中化蛹。全年种群消长呈阶梯式上升，至第4或第5代形成全年的最高虫量。影响茶尺蠖种群消长的主导因子是天敌，目前已发现的天敌有寄生蜂、蜘蛛、真菌、病毒及鸟类等，其中绒茧蜂、病毒和真菌尤为重要。

【防治方法】

①清园灭蛹。结合伏耕和冬耕施肥，将根际附近落叶和表土中虫蛹深埋入土。②灯光诱杀。田间安装杀虫灯诱杀茶尺蠖成虫。③保护和利用天敌。尽量减少茶园化学农药的使用，保护田间的寄生性和捕食性天敌。④药剂防治。可选用茶尺蠖核型多角体病毒制剂（1 000万PIB/毫升·2 000IU/微升茶核·苏云菌悬浮剂1 000倍液）、0.6%苦参碱水剂800～1 000倍液、2.5%溴氰菊酯乳油3 000倍液和4.5%高效氯氰菊酯乳油2 000～3 000倍液等药剂进行防治，应在低龄期喷施。

（六）假眼小绿叶蝉（图1－27）

假眼小绿叶蝉是我国茶区分布最广、危害最重的一种茶树害虫。以成虫和若虫吸取汁液危害茶树，导致茶树芽叶失水、生长迟缓、焦边和焦叶，造成茶叶减产、品质下降。

【形态特征】

假眼小绿叶蝉为不完全变态昆虫，完成1个世代要经过成虫、卵、若虫3个阶段。成虫淡绿至黄绿色，体长3～4毫米，头前缘有一对绿色圈，复眼灰褐色。前翅淡黄绿色，前缘基部绿色，翅端微烟褐色，后翅无色透明。卵新月形，初产时乳白色，后渐变淡绿色。若虫共5龄，体长可达2.0～2.2毫米。一龄若虫体乳白色，复眼突出明显，头纤细；二到三龄若虫体淡黄色，体节分明；四到五龄若虫体淡绿色，翅芽明显可见。除尚未形成翅外，若虫体形和体色与成虫相似。

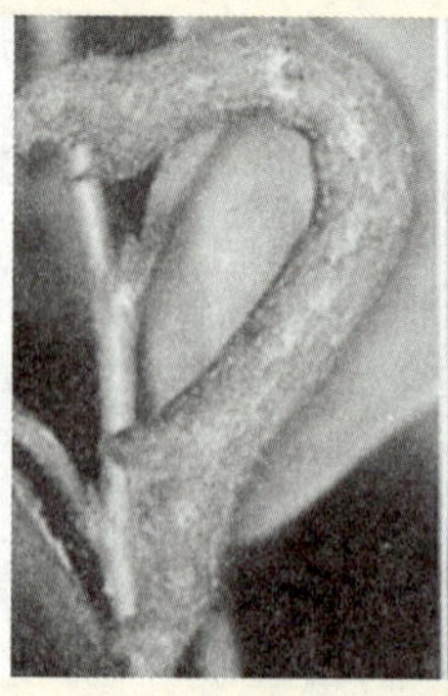

图 1－27　假眼小绿叶蝉田间状（左）和放大图（右）

【发生特点】

假眼小绿叶蝉以成虫在茶树、杂草或其他作物上越冬，年发生 9～12 代。翌年早春转暖时，成虫开始取食、补充营养，陆续孕卵和分批产卵。卵散产于茶树嫩茎皮层与木质部之间。若虫大多栖息在嫩叶背及嫩茎上，以嫩叶背居多，善爬行、跳跃，具畏光、横行习性。各虫态混杂，世代重叠。时晴时雨、杂草丛生的茶园有利于假眼小绿叶蝉的发生。

【防治方法】

①分批、多次采摘。及时分批、勤采茶叶，可随芽叶带走大量的卵和低龄若虫，控制该虫的危害。②光色诱杀。田间放置色板和安装诱虫灯，可诱杀成虫。③药剂防治。掌握虫情，适时喷药，药剂可选用 24%虫螨腈悬浮剂 2 000 倍液、25%吡虫啉可湿性粉剂 1 500～2 000 倍液、10%联苯菊酯水乳剂 2 000～3 000 倍液和藜芦碱可溶液剂 1 000 倍液等。

（七）黄瓜霜霉病（图 1－28）

霜霉病为黄瓜主要病害，在种植地区都有发生，显著影响生产。

【症状】

此病全生育期均可发生，主要危害叶片。子叶染病后初呈褪绿色黄斑，扩大后呈黄褐色。真叶染病叶缘或叶背面出现水浸状病斑，逐渐扩大，受叶脉限制出现多角形淡黄褐色或黄褐色斑块，湿度高时叶面长出灰黑色霉层。后期病斑连片致叶缘卷缩干枯，严重时植株一片枯黄。

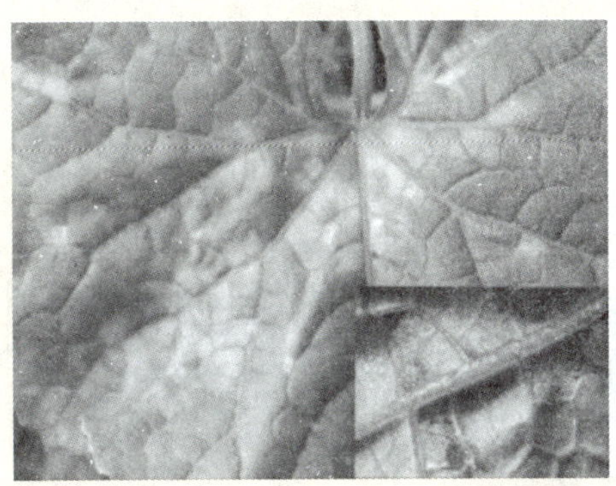

图 1－28 黄瓜霜霉病放大图（左）和田间状（右）

【发生特点】

病菌主要在冬季温室内危害越冬，南方常年发生。病菌借气流和农事操作传播。温度 15～30℃，相对湿度 85％以上时最适宜病菌生长，叶面结水是病菌孢子囊萌发和侵入的必要条件。

【防治方法】

1. 壮苗节水 培育无病壮苗，增施有机底肥，注意氮、磷、钾肥合理搭配。棚室采用高垄地膜覆盖搭配滴灌或管灌等节水栽培技术。

2. 消毒 育苗棚和定植前采用 20％辣根素水乳剂 1 升/亩，或 50％复合生物熏蒸剂 500 毫升/亩熏蒸消毒。

3. 化学防治 发病前采用 50％复合生物熏蒸剂 200 毫升/亩定期熏蒸预防，发病初期选用 100 万孢子/克寡雄腐霉可湿性粉剂 15～20 克/亩，或 72％锰锌·霜脲可湿性粉剂 800 倍液，或 72.2％霜霉威盐酸盐水剂 800 倍液，喷雾防治。有条件时最好采用常温烟雾施药防治。

（八）番茄溃疡病（图 1－29）

溃疡病为番茄毁灭性病害，在许多种植地区都有发生。一旦发病，常造成成棚或成片植株萎蔫坏死。

【症状】

此病全生育期都可发生。幼苗发病，真叶由下向上萎蔫坏死，剖茎可见维管束变色，髓部变空。成株发病多由下向上，由局部枝叶向全株发展。初期下部叶片边缘褪绿萎蔫或翻卷，随后全叶呈青褐色皱缩干枯，在叶柄、侧枝或主茎上形成灰白至灰褐色条状枯斑，剖茎可见髓部部分变空，维管束变褐。

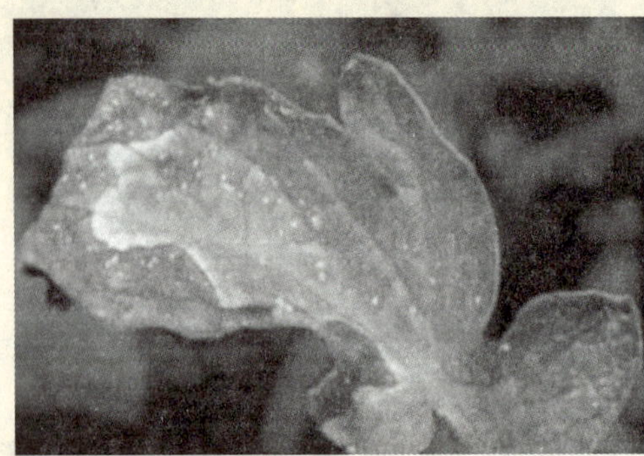
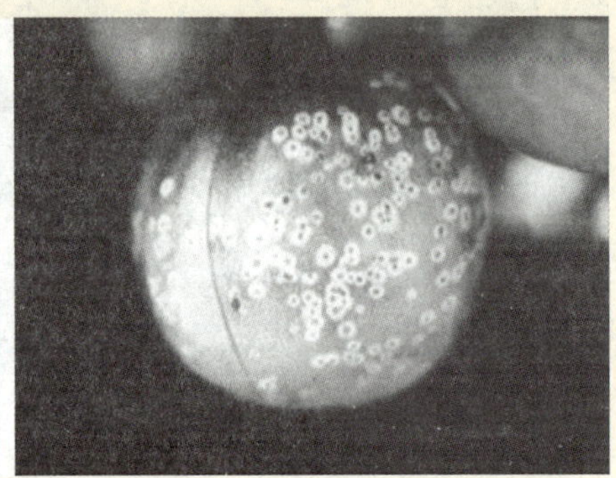

图 1－29　番茄溃疡病病叶（左）和病果（右）

【发生特点】

种子可带菌，也可随病残体在土壤中存活 2～3 年。病菌主要由各种伤口侵入，远距离传播主要靠带菌种子、种苗，近距离主要通过雨水、灌溉传播。病菌生长温度 1～33℃，适宜温度 25～27℃，适宜 pH7；53℃条件下 10 分钟致死。番茄生长期内，温暖潮湿、多雨或长时间结露有利发病。

【防治方法】

1. 检疫　对种子实行严格检疫，禁止从疫区调运种苗。

2. 消毒　种子消毒灭菌，70℃干热灭菌 72 小时，还可用 1%盐酸浸种 5～10 小时后用清水充分洗净后催芽。

3. 栽培　采用高垄栽培，发病初期及时清除病株，带田外妥善处理。病后禁止大水漫灌，雨后及时疏排田间积水。

4. 发病初期药剂喷雾和浇根　可选用 47%春雷·王铜可湿性粉剂 800 倍液，或 77%氢氧化铜可湿性粉剂 500 倍液，喷雾和浇根。

（九）菜蛾（图 1-30）

菜蛾又名小菜蛾、小青虫、两头尖、方块蛾，以我国南方和常年种植十字花科蔬菜的地区发生严重。

【危害状】

以幼虫危害，一到二龄幼虫仅能取食叶肉，残留表皮，在菜叶上形成一个个“天窗”状透明斑痕，三到四龄幼虫可将菜叶吃成孔洞或缺刻，严重时全叶被吃成网状。

【形态特征】

成虫为灰褐色小蛾，体长 6～7 毫米，翅狭长，前翅后缘有 3 度曲折的黄白色波纹，两翅合拢时呈屋脊状，形成 3 个相接的菱形斑。老熟幼虫体长 10～12 毫米，头黄褐色，胸腹部黄绿色，体节明显，两头尖细，腹部 4～5 节膨大，虫体呈纺锤形，臀足向后伸长，超过腹部末端。蛹长 5～8 毫米，黄绿至灰褐色，纺锤形，外被灰白色透明薄茧，透过茧可见蛹体。

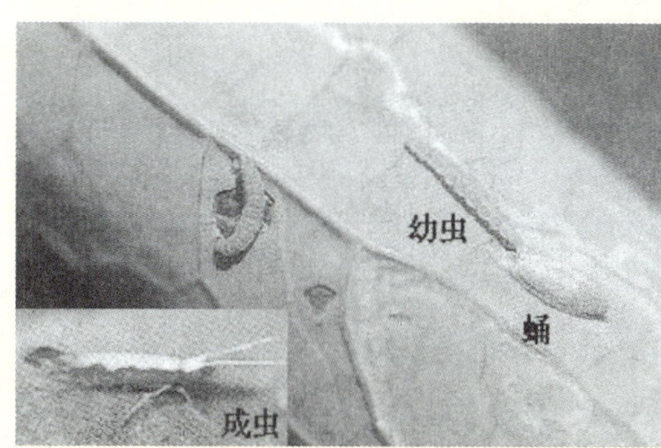

图 1-30　菜蛾（左）及危害状（右）

【生活习性】

此虫在我国由北向南年发生 2～20 代，多代区世代重叠严重，长江流域及以南地区周年发生危害，北方以蛹越冬，转暖后羽化，也可以幼虫、成虫在保护地内过冬。成虫羽化后当天即可交尾，1～2 天后产卵，产卵期可达

10天。成虫昼伏夜出，也可随风远距离迁飞。黄昏后成虫开始取食、交尾、产卵，午夜前后活动最盛，有趋光性。卵散产或数粒集聚在一起，每雌平均产卵约200粒。幼虫很活跃，遇惊扰即快速扭动，倒退、翻滚或吐丝下垂。老熟幼虫在被害叶反面或枯叶、枯草上吐丝做薄茧，在茧内化蛹。蛹期5～15天，平均9天。成虫发育适宜温度20～30℃，0～10℃可存活数月，10～40℃可存活并繁殖，其抗逆性强，适温范围广，危害时期长、程度重。

【防治方法】

1. 收获后及时清除和处理残株败叶，消灭残存虫源。

2. 利用成虫的趋光性，设置杀虫灯诱杀成虫。利用性诱剂诱杀成虫。

3. 药剂防治　可用苏云金杆菌乳剂500～1 500倍液，约1亿个活孢子/毫升，或2.5%多杀霉素悬浮剂1 000～1 500倍液，或5%氟虫脲乳油、或25%灭幼脲悬浮剂500～1 000倍液，或1.8%阿维菌素乳油2 500～3 000倍液，或1%印楝素水分散粒剂800～1 000倍液，或10%虫螨腈悬浮剂1 200～1 500倍液喷雾。

（十）温室白粉虱（图1－31）

温室白粉虱分布广泛，可危害葫芦科、豆科、茄科、菊科、伞形花科、十字花科、锦葵科等100多种蔬菜和花卉。葫芦科、豆科、茄科、菊科作物受害严重。

【危害状】

成虫和若虫吸食寄主植物的汁液，致叶片褪绿，变黄、萎蔫，甚至全株枯死。同时，分泌大量蜜露诱发煤污病，影响叶片光合作用，污染叶片和果实，严重时使蔬菜失去商品价值。此外，还传播多种病害。

图1－31　温室白粉虱田间状（左）和放大图（右）（邱强　摄）

【形态特征】

成虫体长1～1.5毫米，淡黄色，翅面覆盖白色腊粉，停息时双翅在体上合成屋脊状，翅端半圆形，遮住整个腹部，翅脉简单，沿翅外缘有一排小颗粒。卵长约0.2毫米，侧面观长椭圆形，基部有卵柄，从叶背气孔插入植物组织中，初产淡绿色，后渐变褐色、黑色，表面覆有蜡粉。四龄若虫称伪蛹，体长0.7～0.8毫米，椭圆形，初期体扁平，逐渐加厚呈蛋糕状，中央略平，黄褐色，体背有长短不齐的蜡丝，体侧有刺。

【生活习性】

在北方温室内繁殖危害，无滞育和休眠现象。繁殖适温为18～21℃，温室条件下约1个月完成1代。成虫羽化后1～3天可交配产卵，平均每雌产卵142.5粒。也可进行孤雌生殖，其后代为雄性。成虫有趋嫩性，在寄主植物打顶以前，各虫态在作物上自上而下的分布为成虫、新产绿卵、变黑卵、初龄若虫、老龄若虫、伪蛹、新羽化成虫。冬季温室持续生产各类喜温蔬菜，春末、夏初即形成危害高峰。成虫对黄色有强烈趋性，可据此进行诱集防治。

【防治方法】

1. 避免适生寄主瓜类、豆类、茄果类蔬菜混栽套种。收获后彻底清理田间杂草和植株残体，妥善处理或高温沤肥，减少田间虫源。

2. 培育无虫苗 把育苗和温室生产分开，育苗前苗棚用20%辣根素水乳剂1升/亩，或50%生物熏蒸剂800毫升/亩熏蒸处理，杀灭残存害虫。风口用防虫网隔离，控制外来虫源。

3. 挂黄板诱杀或架黄盆诱杀 在温室白粉虱发生初期，将黄板套上塑料膜，外涂机油或粘虫胶，挂在棚室内诱杀成虫，并定期更换塑料膜和涂粘虫胶。

4. 药剂防治 由于温室白粉虱世代重叠，各种虫态同时存在，目前尚无兼杀所有虫态的药剂。一种药剂防治需连续几次施用，并根据各虫态垂直分布规律，重点防治相应虫态，以确保防治效果。可选用25%噻嗪酮可湿性粉剂1 000～1 500倍液，或2.5%联苯菊酯乳油2 000～3 000倍液，或25%

噻虫嗪水分散粒剂 3 000～5 000 倍液喷雾。保护地内可选用 20%辣根素水乳剂 700 毫升/亩常温烟雾施药，或 50%生物熏蒸剂 300 毫升/亩熏蒸防治。

思考与训练

1. 说出当地发生最严重的 2 种水稻病虫害的发生规律和防治方法。
2. 说出当地发生最严重的 2 种小麦病虫害的发生规律和防治方法。

模块二
认识农作物病虫害统防统治

学习目标

通过学习明白什么是农作物病虫害统防统治，了解统防统治能够解决哪些问题，认清一家一户防治的缺点，了解参与统防统治的优点。

一、什么是农作物病虫害专业化统防统治

（一）基本概念

农作物病虫害专业化统防统治，指具备一定植保专业技术条件的服务组织，采用先进、实用的设备和技术，为农民提供契约性的防治服务，开展社会化、规模化的农作物病虫害防控行动。

从农业生产过程来看，在耕种和收割基本实现机械化后，病虫防治成为技术含量最高、用工最多、劳动强度最大、风险控制最难的环节。许多病虫害具有跨国界、跨区域危害的特点，还有一些暴发性和新发生的疑难病虫也危害较重。我国农业生产特别是粮食生产上始终面临着重大的迁飞性害虫、流行性病害的威胁。一是具有暴发性，蔓延速度快，在大范围内同时发生、传播；二是防治时效性要求高，防治的最佳时间往往只有 3～5 天，一旦错过，防治效果就会大打折扣；三是防治技术要求高，对药剂和施药技术都有较高的要求。农民一家一户难以应对，常常出现“漏治一点，危害一片”的现象。加之农村大量青壮年劳力外出务工，劳动力短缺，因此，病虫害防治成为当前农业生产者遇到的最大难题，迫切需要发展统防统治组织为广大农民提供防病治虫服务。农作物病虫害统防统治，符合农村生产实际需求，把握病虫害防治规律，是全面提升植保工作水平的有效途径，是保障农业生产安全、农产品质量安全和农业生态安全的重要措施。

（二）发展过程和现状

统防统治是植保社会化服务的重要形式，是控制农作物病虫害的有效方法。为适应农村经济体制改革和发展的形势，从20世纪80年代中期开始，各地植保部门积极探索开展农作物重大病虫害统一防治工作，受到了农民的广泛欢迎。但是，由于组织难度大，机防队统一收费难，制约了其发展。90年代，我国棉铃虫大暴发，由于防治失时、药剂使用不当，不仅难以控制危害，还导致中毒事故频发，棉农谈虫色变。为解决一家一户防治难题，从1995年开始，在全国13个重点产棉省的250多个产棉大县，开展统防统治，组织实施了棉花重大病虫统防统治产业化推广和无害化统防技术开发项目。主要通过为项目县配备无“跑冒滴漏”新型施药机械，推广高效无害化农药品种。该做法将棉花病虫科学防治方案落到了实处，及时、有效地控制了棉花重大病虫危害，降低了生产成本，减少了生产性中毒事故，保证了棉花丰收，增加了农民收入，取得了显著的经济效益、社会效益和生态效益。但这一项目没有引入市场机制，在项目完成后，随着配备药械的老化报废，机防队没有资金和能力更新设备，防治服务也随之停止。

进入21世纪，针对传统防治措施、防治模式和防治队伍不适应现代农业发展需要的问题，解决千家万户防病治虫难题，植保部门因势利导，积极创新病虫害防治的组织形式和机制，探索建立多样化的植保病虫防治的模式，各地的防治组织应运而生。

农作物病虫害专业化统防统治在2008年以前处于自发发展阶段，2009年在杭州召开全国专业化统防统治经验交流会，2010年中央1号文件要求大力推进专业化统防统治，农业部将此项工作列为整个种植业的工作重点，全面实施农作物病虫害专业化统防统治“百千万行动”。2011年在长沙成功召开全国农作物病虫害专业化统防统治工作会，部署全面推进工作，出台《专业化统防统治管理办法》。2012年中央1号文件再次要求全面推进专业化统防统治，农业部开展了“百强组织”评选活动，树立典型。2013年开始利用重大农作物病虫害防治补助资金8亿元，对专业化统防统治服务组织和农民开展补贴试点。2014年开始推进专业化统防统治与绿色防控的融合试点，对防治组织实行补贴政策，改变“专业化防治就是用药防治”的狭隘观念，全面提升防治能力和水平，促进可持续发展。专业化统防统治成为近年来植保工作的一大亮点，截至2017年，全国专业化防治组织数量达8.8万个，其中在农业农村主管部门备案的“五有”规范化组织达4.1万个，从业人员达131.2万人，拥有大、中型植保机械36万台（套），日作业8 986万亩，专业化统防统治覆盖率达到37.8％（图2－1）。

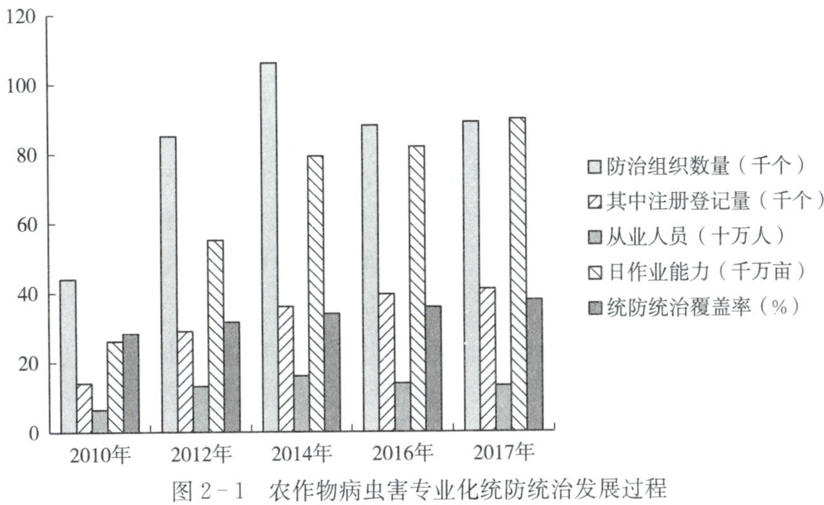

图 2－1　农作物病虫害专业化统防统治发展过程

二、为什么要开展农作物病虫害统防统治

我国农作物生物灾害发生种类繁多、暴发频繁、危害严重、损失巨大。据统计，我国目前发生的农作物病虫草鼠害种类约 1 700 多种，可造成严重危害的超过 100 种，重大有害生物年发生面积 70 亿～80 亿亩，比 20 世纪 90 年代增加 30%以上。根据联合国粮农组织自然损失率 37%以上测算，在不采取防控措施的情况下，每年农作物病虫害可造成我国粮食产量损失 1.5 亿吨以上，油料 680 万吨，棉花 190 多万吨，果品、蔬菜上亿吨，潜在经济损失 5 000 亿元以上。

（一）一家一户防治农作物病虫害的缺点

近年来，随着对农产品产量、品种和品质要求的提高，农作物种植结构和耕作制度的改革，以及全球气候变暖等环境因素的改变，我国农作物病虫害的发生也产生了很大的变化，呈现出种类增加、面积扩大、危害加重、治理困难的趋势，病虫害发生形势严峻，防治任务艰巨，主要表现在：

1. 新的重大病虫害不断出现　我国农业结构调整和气候异常等因素，导致一些次要病虫害上升为主要病虫害，蔬菜、茶叶、果树等经济作物有害生物发生危害加重，部分病虫抗药性增强，突发性重大农作物病虫害监控任务加重，防治难度加大；农产品贸易全球化和流通渠道多元化，引发检疫性有害生物的入侵频度和扩散速度加快，风险加大。据统计，20 世纪 70～80 年代我国外来检疫性有害生物仅有1～2种，90年代增加到10种，近5年新发现17种。据不完全统计，最少有11种病虫草鼠害（水稻，灰飞虱、水象甲、稻曲病；小麦，吸浆虫；棉花，盲蝽蟓、蓟马；蔬菜，烟粉虱；果树，苹果蠹蛾、柑橘小食蝇、香蕉枯萎病；马铃薯，马铃薯甲虫），由过去的零星发生或次要病虫害，成为新的重大有害生物。例如，在水稻上，灰飞虱由次要害虫成为近年来江苏、浙江、辽宁等省需要重点防治的主要害虫，每年的防治次数达3次以上，个别严重的地方达6次；在棉花上，棉盲蝽、棉蓟马等由次要害虫成为了主要害虫；在蔬菜上，烟粉虱日益成为重要的防治对象。一些检疫性有害生物，也呈扩散蔓延趋势，例如稻水象甲，已由东北、华北扩展到水稻主产的浙江、湖南等地；一些恶性杂草如毒麦、节节麦等，也随着农事操作工具的流动而加速扩散。

2. 发生代次增加，面积扩大 水稻螟虫、稻纵卷叶螟、稻飞虱、小麦条锈病、小麦赤霉病、草地螟、农田害鼠等重大有害生物暴发频率增加、危害程度加重，如稻飞虱、稻纵卷叶螟暴发频率由20世纪90年代中期前的3～5年1次，上升到目前平均不到2年1次；草地螟在北方农牧区暴发危害，监测预警与防控任务十分艰巨，农民防治难度不断加重。

稻飞虱等迁飞性害虫，发生界限逐年北移，川北、鲁南、豫南等地已由过去的偶发区变成了现在的重发区，发生区域不断向北推移，并逐年扩展；在广大的南方水稻主产区，稻飞虱、稻纵卷叶螟等主要害虫近几年连续大发生，发生程度连创有记载以来的纪录，其危害性不断增加，而且褐飞虱的致倒伏能力不断增强；水稻二化螟以往在黑龙江稻区每年只能发生1代，现在却可以发生2代。北方草地螟原本几年才大发生1次，但近年来却连续大发生。小麦锈病和赤霉病发生区域也不断向北推移，发生的区域逐年扩展。

3. 防治难度加大 首先新的病虫害不断发生，很多地方基层技术人员和农户难以及时掌握防治技术，造成防治失误。二是发生的时间延长。由于种植结构的改变，以往作物种植时间整齐划一的情况少了，田间同时存在各个生育期的作物和各种适合的寄主，桥梁田增加，使得病虫发生时间延长，代次重叠，很多害虫的发生期延长。例如水稻二化螟的产卵历期由1周延长到1个月，防治次数由原来的1次，增加到3～4次。三是发生量大，防治后残虫数高，需要连续防治，防治的时效性更强。四是随着农药使用历史增加，病虫抗药性不断增强，农药效果下降，耽误防治时机。五是随着种植品种改变，病虫等生理小种发生变化，致害力增强，防治压力加大。例如，超级稻上二化螟的危害明显加重，但超级稻植株高大，施药更加困难。

4. 病虫害防治技术不易掌握 广大农民普遍对病虫害认识不全，对虫害的发生历期、病害的流行规律更是知之甚少，常常错过适宜防治适期。另外，面对多达3.5万个已登记的农药品种，新农药、新剂型层出不穷，如何做出正确选择，就更加困难。由于使用的施药机械性能不佳，施药方法不当，常造成药液损失，加重环境污染，难以实现均匀施药，重喷漏喷现象严重。综上所述，虽然农民投入很大，但一家一户防治效果不好，防治效益不高，农产品农药残留超标频发，环境污染加重。

（二）一家一户防治农作物病虫害容易出现的问题

由于农作物病虫害种类多，发生情况各异；农药品种、剂型繁多，适宜的防治对象和防治适期千差万别，药效、毒性、安全间隔期都不尽相同，农民存在缺乏植保知识、安全意识薄弱、购药行为盲目、用药时间不当、用药剂量不当、配药方法粗放、施药方法不当、环保意识淡薄等问题。不当用药，乃至盲目用药、违禁用药、滥用农药的现象在一些地区时有发生，不仅造成农产品中农药残留量超标，防治效果不好，生产成本增加，影响农产品质量安全，在社会上也造成很大的负面影响。一些农民环保意识薄弱，农药包装废弃物随意丢弃，污染农业生产环境，破坏农村的居住条件，存在着很大的安全隐患。

全国农业技术推广服务中心曾多次组织全国植保系统对各地农民使用农药的情况进行调查，反映出的主要问题：

1. 安全用药意识较弱

（1）自我保护意识不强。配药、喷药时，65%的农民没戴手套或不采取其他安全防护措施，有83%的农民发生过被药液溅到的经历，有74%的农户配药、喷药后曾经出现不同程度的中毒现象。

（2）安全贮药意识不强。现买、现用、不存放农药的农户为43%，有34%的农户在床下、杂屋等处随便放置农药，仅有18%的农户将农药存放在上锁的隐蔽处。

（3）环境保护意识不强。有52%的农民用药后随意扔掉空药瓶，有31%的农民烧掉和掩埋药瓶，还有3%的农民将空药瓶留作他用。

2. 植保知识欠缺

（1）对常见病虫的识别。仅约15%农户能完全识别，约50%农户能识别2/3。

（2）对农药标签的识别。70%的农民能够读懂农药标签，23%的农民仅能部分读懂农药标签，而对安全间隔期、毒性等不懂，6%的农民基本读不懂农药标签。

(3) 对植保知识掌握程度。被调查的农民有 59%参加过各类技术培训，98%的农民知道高毒农药不能在蔬菜、果树、茶叶上使用的规定，12%的农户不遵守安全间隔期。

3. 科学用药水平不高

(1) 购药行为盲目。

①购药地点选择。在乡、村农资店购买的居多，约占 80%，选择的理由排序：药店信誉好占 76%，方便占 26%，价格便宜占 26%。

②购药品种选择。根据标签说明选择的占 42.9%，根据技术人员推荐选择的占 42.6%，根据销售人员推荐选择的占 21.9%，根据自己过去的用药经验选择的占 24.3%，根据周围人用药选择的占 15.8%。

(2) 用药时间不当。54%的农民根据自己对田间病虫情况的调查打药，约 37%的农民根据植保站的病虫情报或防治通知打药，29%的农民根据乡、村广播站广播通知打药，11%的农民根据他人用药时间打药，还有 3%的人无论是否需要定期施药。一些农民不管有无病虫发生危害，均是 2～3 天打 1 遍药，造成农药的浪费，加重污染。

(3) 用药剂量不当。有 69%的人根据标签或说明书上的推荐剂量使用农药，6%的农户低于标签推荐剂量用药，25%的农户往往超量用药，有的甚至超过标签推荐量的 1.5～2 倍。

(4) 配药方法粗放。只有不到 4%的农户用量筒精确量取农药；63%的农户用农药瓶盖量取农药，由于农药瓶盖的型号很多，农户也不知道其具体容量，只是一个估计数；33%的农户则直接从农药瓶中，凭人为估计倒出农药进行配制。同时，还存在严重的乱混乱配现象。60%的农民在施药时喜欢多种农药混用，一般混用 2～3 种农药。在棉花害虫的防治中，有 73%的农户随意用 2 种或 3 种农药现混现配使用。

(5) 施药方法不当。

①不掌握安全的施药技术，逆风施药、高温施药、沿前进方向左右摇摆施药等，不仅防治效果不好，还极易造成施药人员中毒。

②农民施药观念落后，仍习惯大容量喷雾，往往出现药水滴淌现象，甚至错误地认为雾滴直径越大越好，农药喷得越多越好，不仅效果不佳而且浪费严重，加重环境污染和农药残留。很多农民因不了解雾化的原理，习惯将喷头紧贴作物喷洒，甚至人为将喷头孔扩大，或将喷头卸除，直接喷淋，使药液尚未完全雾化，难以附着在作物表面，极易损失。

③农民少有获得正确施药方法的渠道。农民不了解机动弥雾机的气力雾化的原理，看不见细小雾滴就不相信其存在；不知道弥雾机喷幅可达 9 米，在使用机动弥雾机时，仍习以为常地采用针对性的喷雾方式；不考虑风向，一律沿前进方向左右“Z”字形喷雾，使雾滴分布极不均匀，容易造成重喷、漏喷，完全没有发挥机动药械喷幅大、工效高、防效好的优势，极易造成施药人员中毒，既费工、费药，防效也不佳。

4. 施药机械落后

（1）机械化程度低。手动施药器械仍然占主导地位。机动药械也主要靠人背负或人为辅助作业，不仅工效低（如背负式机动弥雾机 1 天的工效仅为 30 亩），而且机器本身的技术含量低，对施药人员的技术要求高。

图 2－2　机动弥雾机

（2）缺乏专用施药机械。一种机械、一种喷头“包打天下”，农民没有针对不同的作物而研制其最适宜的施药机械。主打机型为 20 世纪 60 年代的“WFB－18AC 型”（俗称 18 机）（图 2－2）、“工农－16 型”（图 2－3），不论结构型式还是技术性能都很落后。所有的手动喷雾器仅配备一种切向离心式喷头，雾化不均匀，喷洒性能差，完全不适应不同作物、不同病虫草害的防治需要，更不符合科学使用农药的要求。缺乏工效高，对靶性强，农药利用率高的大、中型施药机械，特别缺乏适合果树、保护地和防蝗的施药机械。

（3）制造工艺粗糙，机械质量差。71.4% 的手动喷雾器存在滴漏问题，

图 2-3 “工农-16 型”手动喷雾器

31.8%的机具无铭牌或铭牌内容不符合要求，69.8%的机具使用说明书没有规定安全注意事项，93%的机具未配备安全防护用品，76.6%的机具没有安全防护标志。

5. 后果严重

（1）污染、药害及中毒事故发生严重，成本提高。由于不合理使用，农民在使用农药防治病虫草害的同时，也带来了农产品农药残留超标问题，严重影响农产品的质量和市场竞争力；农作物药害事故较多，全国农作物药害发生面积约300 万亩，直接经济损失 1 亿多元，间接损失 10 亿多元，既影响农民收入，又影响农村社会稳定；农药使用过程中，施药人员中毒事故时常发生，每年中毒人数在 10 万人左右。同时，因过量用药以及不当用药，农药损失严重，不仅污染土壤和水体，还大量杀伤天敌和有益生物，严重影响了农业生态平衡，导致恶性循环。农业生产的成本提高，例如防治水稻的病虫害，过去每亩用药成本一般为30 元左右，而现在部分地区的用药成本已达到 100 元以上。

（2）有害生物抗药性增长迅速，用药量不断增加。目前我国至少有 30 种农业害虫对 40 种杀虫剂以及 20 多种病原菌对 11 种杀菌剂产生了不同程度的抗药性。近年，水稻上的重要害虫对常用主要防治药剂已产生了高抗药性，如二化螟对杀虫单、三唑磷，稻飞虱对吡虫啉等，造成了生产上防治困难的局面。广大农民的现实感受是，原来每亩地用 10 毫升农药就能杀死虫子，现在每亩加大到 20 毫升，甚至更多。

（三）实施专业化统防统治的优点

专业化统防统治不是简单地统一组织打农药，而是通过专业的组织，采用专业的设备，将绿色防控技术和科学安全用药真正落实到位的可持续防控，能够切实减轻灾害损失，提升重大病虫的防控能力。各地实践表明，实施专业化统防统治每季可减少用药防治 1～2 次，降低农药用量 20%，提高作业效率可达 5 倍以上，防治效果比农民自防自治普遍提高了10%以上，每亩水稻、小麦增产分别达50千克和30千克以上。防治效率、防治效果、防治效益得到很大提高，防治成本、农药使用量、环境污染明显减少，很好地保障了农业生产安全、农产品质量安全和农业生态环境安全。

1. 破解防病治虫难题，减损保产效果显著 通过实施统防统治，有效解决迁飞性害虫和流行性病害，农民分散防治容易出现的“漏治一点，危害一片”现象，以及农村大量青壮年外出务工造成的无人或放弃防病治虫难题。防治效果和产量都显著高于农民自防。

小贴士

多地农民调查实例

湖北武穴市，农村劳动力23.52万人，外出务工11.6万人，而留下来从事种植业的只有6.2万人，仅占总劳动力的1/4，且多是50岁以上、不便外出打工的农民。实行专业化防治，由于药剂使用不当、防治适时、方法得当，防治效果普遍比农民自己防治的提高10%～20%，平均每亩多挽回粮食损失30～50千克。四川省射洪县瞿河乡农民说：“以前最恼火、最辛苦的就是给水稻打药，7、8月份温度高，很容易中毒、中暑，现在有了专业合作社打药，种田轻松多了，而且整个一片防，效果要好得多。”据统计，实施专业化统防统治后，湖南省早、晚两季稻与一季稻分别比农民自防亩均减损100千克以上、75千克以上；河南省统计，与农民自防相比，小麦亩均减损达30千克以上。四川省三台县刘营镇农民白明华介绍：“今年加入了合作社，水稻每亩收了650多千克，差不多比往年增加50千克”。重庆市万州区余家镇农技站谢运华站长介绍：“统防不统防产量不一样，2011—2013年，与农民自防相比，统防单产分别增加65千克、75千克和60千克”。

2. 降低农药使用风险，质量生态效益显著

（1）通过实施专业化统防统治，严格按照病虫害防治适期和合理剂量科学用药，严格执行农药使用安全间隔期，统一配药、统一按制订的专业化统防统治技术要求进行操作、统一进行药后防效检查，从而避免了农药经销商开大处方、乱开处方的坑农、害农行为，也避免了广大农民见虫就打药、施药不科学的行为，显著降低了化学农药使用量。

（2）专业化统防统治实行农药统购、统供、统配和统施，推广应用高效、低毒、低残留的环境友好型农药，从源头上杜绝了假冒伪劣农药、禁限用高毒农药的使用。同时，统一从厂家进口大包装农药，大大减少了农药包装废弃物对环境的污染。从根本上保证了农作物生产安全、农产品质量安全和农业生态环境安全。各地实践表明，专业化统防统治可提高防效 5%～10%，每季可减少防治次数 1～2 次，降低化学农药使用量 20%以上。

小贴士

多地农药使用量明显降低，天敌数量增加

据浙江省测算，2013 年仅水稻专业化统防统治区就减少使用化学农药 1 563吨，减少农药包装等废弃物 1 205 万只（约 216 吨）。江苏扬州市多点调查显示，水稻病虫防治减少用药 2 次左右，每亩用药成本降低约 45 元。湖南省专业化统防统治与绿色防控集成示范表明，防治效果提高 30%，化学农药使用量减少 30%，亩均增收节支 80 多元。安徽省调查表明，统防统治区蜘蛛等有益生物数量比农民自防田增加 4 倍以上，有效改善了农田生态环境，促进了农业可持续发展。三台县石安镇清泉村支书何仲荣介绍：“自成立了清水泉水果合作社，不仅解决了一家一户防病治虫问题，目前生产的桃、橙子、葡萄等达到了无公害农产品标准，销路、价格都比以前好了”。

3. 推动施药装备更新换代，防控能力显著增强　大力推进专业化统防统治，有效拉动了高效、优质施药机械的推广应用，提高防治效率，降低防治用工。各地在专业化防治中积极推广、应用机动喷雾机，应用效果好，作业效率高，一般比传统的手动喷雾器施药效率提高 5～8 倍。一些地方还推广使用喷杆喷雾机，施药效率提高近百倍。

小贴士

加速高效施药机械的推广应用

北京丰茂植保机械有限公司董事长赵今凯介绍，“专业化统防统治拉动了植

保机械市场，2009 年以前以背负式机动喷雾机为主，年均销量达 10 万台以上，2010 年以后，根据市场需求，共投资 2 300 多万元，开展喷杆式、风送式等高效施药机械研发，产品呈供不应求态势，2013 年产值达 1.1 亿元，2014 年已签订供货合同 9 000 多万元”。各地实践表明，专业化统防统治作业效率可提高 5 倍以上。四川省刘营镇农民窦天明说：“以前自己打药，1 天能打 3～4 亩地，6 亩多地要两天才能完成，现在交给合作社打，两台机器不到 2 个小时就搞定了”。

4. 促进防控方式转变，就业增收效果显著 专业化统防统治与种子统供、肥料统配、肥水统管、集中育秧以及机耕、机播、机收等专业化服务一起，已成为服务“三农”新型业态，孕育着农业生产过程全程专业化服务事业。这不仅有利于新品种、新技术推广应用和耕作制度变革创新，促进农业生产规模化、集约化发展，推动农业生产方式转变和农业产业转型升级，同时也成为年龄偏大、土地情结深厚的农村劳动力就地转移、就业增收的重要途径。接受专业化服务组织服务的田块与农民自防田块相比，一季稻每亩减损增产稻谷 50 千克以上，双季稻减损增产 80 千克以上，每亩增收节支 200 元以上；防治组织从业人员每年可增加一定收益；广大农民可以从繁琐、费力的病虫害防治中解脱出来，从事农村加工业、养殖业或外出务工，切实形成了“农民种田我服务，农民打工我种田”的现代农业服务方式。湖南、河南、陕西、重庆等地区 20 多个专业化统防统治组织统计，从业人员年均作业时间 18～20 天，每天收入 150～300 元不等，年收入4 000～5 000 元，最高达 8 000 元；江苏省仪征市新集镇壮禾植保合作组织、浙江省长兴县水口三涧粮油专业合作社、嘉兴市秀洲区爱民农业合作社等，在专业化统防统治基础上，拓展了机耕、机插、施肥、机收、烘干等系列综合服务，作业机手等骨干人员年收入 4 万～5 万元（相当于外出务工收入），使现代农业服务成为当地农民乐意从事的职业。

总之，大力推广专业化统防统治，实现了防治效率、防治效果、防治效益的“三个提高”；做到了防治成本、农药使用量、环境污染的“三个减少”；很好地实现了农业生产、农产品质量和农业生态环境的“三个安全”；实现了农民、从业人员和防治组织的“三方满意”。

案例2－1

2010年萧山广通植保专业合作社统防统治与农民防治成本比较表

项　目	农民自防区	统防统治区	统防统治效果
平均用药次数	6.88	5.37	减少1.51次
农药亩用量（克，折纯）	333.42	208.81	减少37.37%
亩用药成本（元）	88.30	69.12	减少21.72%
施药人工费（元）	103.20	39.87	减少63.33元
亩产量（千克）	519.86	546.68	增加26.82千克
亩节本增收（元）	—	—	179.47元

案例2－2

专业化统防统治省心省力

据湖南省沅江市共华镇和裕村村委会书记陶飞跃介绍，和裕村共有农户730户，人口3 326人，水田5 100亩。2008年以前，农民自行购买药剂，自己防治水稻病虫，早稻一般防治4次，晚稻一般防治6次，两季下来每亩地需花费160～170元，不但防治效果差，造成危害损失大，产量低，且农产品农药残留超标，品质无法保证。自从参加专业化统防统治后，农户仅交135元服务费，早稻施药2次，晚稻也只进行3～4次防治，不仅效果好，减少了病虫危害损失，还能大幅度增产，平均每亩早稻增产40千克左右，晚稻增产60千克左右，稻谷品质也得到有效保证。开展专业化统防统治还为外出务工人员解决了后顾之忧，节省了开支。以前在城镇务工的农民，每次都要亲自回家防治病虫，不但影响收入，往返车费也增加开支。实行专业化统防统治后，外出务工农民就可以安心在外打工。

三、农作物病虫害统防统治的主要形式和服务方式

(一) 主要组织形式

各地专业化统防统治组织形式主要有以下 7 种。

1. 专业合作社和协会型　按照农民专业合作社的要求，把大量分散的机手组织起来，形成一个有法人资格的经济实体，专门从事专业化防治服务。或由种植业、农机等专业合作社以及一些协会，组建专业化防治队伍，拓展服务内容，提供病虫专业化防治服务。

2. 企业型　成立股份公司把专业化防治服务作为公司的核心业务，从技术指导、药剂配送、机手培训与管理、防效检查、财务管理等方面实现公司化的规范运作，或由农资经销商购置大、中型施药机械，组建专业化防治队，不仅为农户提供农资销售服务，同时还开展病虫专业化防治服务。

3. 大户主导型　主要由种植大户、科技示范户或农技人员等“能人”创办专业化防治队，拥有高效施药机械，在开展自身承包、转让的田块防治的同时，为周边农户开展专业化防治服务。

4. 村级组织型　一些经济条件较好的乡村，以村委会等基层组织为主体，或组织村里零散机手，或统一购置机动药械，统一购置农药，在本村统一开展病虫害防治。

5. 农场、示范基地、出口基地自有型　一些农场或农产品加工企业，为提高农产品的质量，越来越重视病虫害的防治和农产品农药残留问题，纷纷组建自己的专业化防治队，对本企业生产基地开展专业防治服务。

6. 互助型　在自愿互利的基础上，按照双向选择的原则，拥有防治机械的机手与农民建立服务关系，自发地组织在一起，在病虫防治时期开展互助防治，主要是代治服务。

7. 应急防治型　这种类型主要应对大范围发生的迁飞性、流行性重大病虫害，由农业植保部门组建的应急专业防治队，主要开展对公共地带的公益性防治服务，在保障农业生产安全方面发挥着重要作用。

(二) 统防统治组织应具备的条件

各种专业化防治组织都是符合当地特定情况和条件的，但农业农村主管部门会从项目、资金、技术等方面优先重点扶持“五有”的专业化防治组织。

1. 有法人资格　经工商部门登记或在民政部门注册，并在县级以上农业植

保机构备案。

2. 有固定场所 具有固定的办公、技术咨询场所和符合安全要求的物资储存条件。

3. 有专业人员 具有10名以上经过植保专业技术培训合格的防治队员，其中，获得国家植保员资格或初级职称资格的专业技术人员不少于1名。防治队员持证上岗。

4. 有专门设备 具有与日作业能力达到300亩（设施农业100亩）以上相匹配的先进实用设备。

5. 有管理制度 具有开展专业化防治的服务协议、作业档案及员工管理等制度。

小贴士

2010年中央1号文件指出，大力推进农作物病虫害专业化统防统治。2012年中央1号文件指出，大力支持在关键农时、重点区域开展防灾减灾技术指导和生产服务，加快推进农作物病虫害专业化统防统治，完善重大病虫疫情防控支持政策。2013年农业部开始利用重大农作物病虫害防治补助资金，每年5亿～8亿元，对专业化统防统治服务组织和农民进行补贴试点。

浙江省从2007年开始实施财政补贴项目，对参加全程水稻病虫害专业化统防统治的农民每亩补贴40元。从2013年开始拓展到果树和茶叶上。截至2017年，省级财政补助资金累计约4.7亿元，地方配套补助资金累计约7.5亿元。财政专项补助政策对统防统治工作起到了明显的推动作用。江苏省从2013年起每年拿出3 500万元，以每亩40元的标准补贴病虫害防治用工费用，并下发《江苏省农作物病虫害专业化统防统治实施方案》，把发展农作物病虫害专业化统防统治列入省农委目标管理考核内容，并将年度目标任务分解到市、县（区）农业农村主管部门。

（三）主要服务方式

各地开展农作物病虫害专业化统防统治的服务方式主要有以下3种。

1. 代防代治 专业化防治组织为服务对象的农作物施药，防治病虫害，收取施药服务费，一般每亩收取5～10元。农药由服务对象自行购买或由防治组织统一提供，分为带药的代防代治和不带药的代防代治。专业化防治组织和服务对象之间一般无固定的服务关系，打 1 次药收 1 次费。

2. 阶段承包防治 专业化防治组织与服务对象签订病虫害防治服务合同，承包部分或作物一段生育期内的病虫害防治任务。

3. 全程承包防治 专业化防治组织根据合同约定，承包作物生长季节所有病虫害的防治。

全程承包与阶段承包具有共同的特点：专业化防治组织在县植保部门的指导下，根据病虫发生情况，确定防治对象、用药品种、用药时间，统一购药、统一配药、统一时间集中施药，在经济允许范围内控制作物整个生长季节病虫危害。

（四）服务方式的分析

1. 代防代治

（1）优势。简单易行，不需要组织管理，收费容易，任务单一，不易产生纠纷。

（2）不足。仅能解决因劳动力缺乏的施药难题，难以确保安全、科学用药，提高防治效果、提高防治效益、降低防治成本等方面效果不显著；机手盈利不足，服务愿望不强；不便于植保技术部门开展培训、指导和管理。

（3）难点。由于植保机械以半机械化产品为主，要靠人背负或手工辅助作业，机械化程度和工效低。作业辛苦，劳动强度大；作业规模小、收费低、收益不高，难以满足机手通过购买机动喷雾机、为他人提供服务而赚取费用、养活自己的需求。如使用背负式机动喷雾机 1 天最多只能防治 30 亩，收入 150 元，扣除燃油、折旧等，纯利约 100 多元，与一般体力劳动工钱差不多，机手还要冒农药中毒危险，发展后劲不足。现有的植保机械技术含量不高，作业质量受施药人员水平影响大。

（4）解决途径。在吸收国外先进机型的基础上，开发出适合我国种植特点的大、中型高效、对靶性强、农药利用率高的植保机械。提高植保机械的机械化水平，应用高效施药机械，提高防治效率，实现防治规模化效益；通过提高机器本身的技术含量，从技术装备上提高施药水平，避免人为操作因素对施药质量产生影响。

2. 承包防治

（1）优势。提高防治效果，降低病虫危害损失；提高防治效率，降低防治用工；提高防治效益，降低防治成本；使用大包装农药，减少农药包装废弃物对环境的污染，同时有利于净化农药市场；为了降低用药成本，而加速其他综合防治措施的应用，同时强有力的组织形式也为统一采取综合防治措施提供了保障；有利于植保技术部门集中开展培训、指导和管理，加速新技术的推广应用。

（2）不足。组织管理较为费事，收费较为困难，容易产生纠纷；受自然灾害以及突发病虫害的影响，专业化防治组织承担的风险较大；机手流动性较大，增加培训难度。

（3）难点。由于收取的费用不能比农民自己防治的成本高很多，防治用工费要全部支付给机手，因此，在不增加农民成本的情况下，专业化防治组织如何找到自身的盈利模式成为能否健康发展的关键。目前运行较好的专业化防治组织，主要靠农药的销售和包装差价盈利。专业化防治组织根据往年的平均防治次数收取承包防治费，当有突发病虫或某种病虫暴发危害需增加防治次数时，当作物后期遭受自然灾害时，如何界定损失的成因较难，承受的风险很大，在没有相应政策扶持下，很多防治组织望而却步。

（4）解决途径。出台补贴政策，鼓励农民参与专业化防治，促进专业化防治组织健康发展；补贴专业化防治组织开展管理和培训的费用；建立突发、暴发病虫害防治补贴基金，用于补贴因增加防治次数而增加的成本；设立保险资金，建立保险制度，规避风险；逐步拓展服务领域，增加收入来源。重点配备绿色防控设备，引导开展绿色防控，推进专业化发展和绿色防控融合发展，实现病虫害可持续防控。

思考与训练

1. 在防治中哪些做法是错误的？
2. 比较承包防治和代防代治的优、缺点，您会选择哪种方式，请说说理由。

小链接

中国人民共和国农业部公告第 1571 号与《农作物病虫害专业化统防统治管理办法》

模块三
参与农作物病虫害统防统治的方式

学习目标

通过学习了解签订防治服务合同的目的；明确服务内容、收费标准、防治标准和赔偿标准；明确违约责任和纠纷调处办法；知道如何选择好的防治组织。

一、选择统防统治服务组织

（一）正确认识防治组织

1. 农作物病虫害专业化统防统治的服务主体是防治服务组织，而正规的防治组织需经过工商部门登记或在民政部门注册，并在当地农业行政主管部门所属的植物保护机构备案。农民在选择防治组织时，可以到当地县植保站咨询，了解在当地开展防治服务的服务组织情况。各种专业化防治组织都是符合当地特定情况和条件成立的，有其自身的特点，但农业农村主管部门会从项目、资金、技术等方面优先重点扶持“五有”的专业化防治组织，即有法人资格、有固定场所、有专业人员、有专门设备、有管理制度。因此，应该优先选择“五有”的专业化防治组织，以便获得规范可靠的服务。

2. 专业化统防统治是市场化运作的商业化服务行为，不是政府的补贴行为。服务组织和农户之间充分协商、自愿签订服务承包合同，双方有对等的权利和义务；服务组织凭借自身的技术、设备和管理优势，通过服务来谋取自身利益，并实现社会效益。农民通过购买服务来弥补自身防治病虫害的不足，解放自己；双方通过履行合同来实现各自的目标。

3. 服务承包合同签订后，合同赋予了双方权利和义务。防治病虫害不是简单的用药防治，需要双方积极配合，在农业生态调控上共同努力，减轻用药应急防治的压力。病虫防治效果的好坏与种植品种、水肥管理等措施密切相关，选用抗性品种、科学管水、平衡施肥对减轻病虫发生与提高防治效果有至关重要的作用。

4. 专业化统防统治不是万能的“灵丹妙药”，不能包治“百病”。农作物病虫害的发生与防治受耕作制度、气候因素、品种等多种因素影响，在现有植保科技水平下，专业化统防统治可以有效控制大部分病虫害，但也有少数病虫害（如南方水稻黑条矮缩病、棉花枯萎病、棉花黄萎病、柑橘黄龙病）的影响因子较多，以目前的植保技术还不能完全有把握防控好，在签订服务合同时服务组织一般会在承包合同内注明可能出现的问题，并要求农户积极配合，采取有效的预防措施，并进行药剂防治，但不承担赔偿责任。

（二）看内部管理

开展专业化统防统治服务是一项复杂的系统工程，除了要和千差万别的农民打交道，核实地块、面积，还要合理调配机手、设备，确保在防治适期内完成合同任务。对每一个机手分配任务，分发农药，既要保证施药的田块是合同田块，又要防止机手去干“私活”，还要对机手的防治效果进行监督考核，这些都和内部管理密不可分。没有严格的管理制度，必然会漏洞百出，难以为继。专业化防治组织只有通过提高自身管理水平，才能开展规范化服务，在提高服务水平的同时，增加收益，不断增强发展后劲。农民也只有选择管理规范的防治组织，签订服务跟踪卡，才能获得放心满意的服务。

（三）看服务规模

服务规模是防治组织开展全程承包统防统治服务的面积。专业化防治组织只有通过建好村级服务站，才能拓展服务区域，实现规模效益。村级服务站是防治组织与农民联系的纽带，也是服务组织在各村的下设机构，还是承担防治服务的主体，服务站建设的好坏直接关系到专业化统防统治的成败。选择服务规模较大的防治组织，其实力和认可度都可以让人放心。

（四）看技术水平

防治病虫害对技术要求很高。登记注册并在农业农村主管部门备案的防治组织，可以获得植保技术部门的技术指导，科学制订全程防控方案，及时获得植保站病虫情报，在植保站帮助下搞好机手技术培训，掌握科学施药方法，提高对靶性施药水平，提高农药利用率。除了看用药和施药技术水平外，还要看防治组织是否有物理防治、生物防治相关设备，是否优化应用农业防治、物理防治、生态控制和安全用药等措施，能否在减少用药防治次数的同时，提高防控效果，更好地保护生态环境，实现病虫害的可持续性防控。

田园牧歌农业综合服务公司服务章程

岳阳市田园牧歌农业综合服务有限公司
华容县分公司

农作物病虫害专业化防治服务队服务章程

第一章 总 则

第一条 根据省、市、县政府关于大力开展病虫害专业化防治工作的有关指示精神，为切实加强农作物病虫害专业化防治工作的管理与实施，制定本章程。

第二条 农作物病虫害专业化防治服务队（简称机防队）隶属于岳阳市田园牧歌农业综合服务有限公司华容县分公司，以面向基层、服务农村、服务农民、确保农民增产增收为宗旨，实行面向农民的有偿服务。

第二章 任 务

第三条 机防队必须承担以下任务

1．贯彻“预防为主，综合防治”的植保方针，宣传普及农作物病虫害专业化防治知识，不断提高农民的植保知识水平和自愿参与农作物病虫害专业化防治的意识。

2．根据上级下达的农作物病虫害专业化防治实施方案，在3天内实施并完成统一的施药防治工作。

3．加强专业知识学习，提高专业技能，不断掌握农作物病虫害专业化防治技术，确保农作物质量安全、产量安全和生态环境安全。

第三章 组织形式与服务方式

第四条 机防队的组织形式

1．在村级建立机防队，受本公司统一领导，机防队员采取自愿申请、承认本公司章程和服务章程、接受培训后在服务站长和机防队长的统一调度下开展病虫害专业化防治施药作业的管理办法。

2．机防队员按照服务站长和机防队长所制定的防治方案和技术要求，使用统一配送的农药等物资实施专业化防治工作。

第五条 机防队员的服务方式

统一实行全程承包服务方式：在农户与本公司指定的服务站签订承包合同后，由机防队履行合同服务内容，并承担相关责任。

第四章 管 理

第六条 建立专业化机防队，严格执行审批登记手续，由建队行政村或机手提出申请，经本公司统一进行业务审查考核后，以基层行政村为单位建立机防队。

第七条 机防队在本公司指定的服务站统一领导下开展工作。

岳阳市田园牧歌农业综合服务有限公司华容县分公司
二0一一年三月

合同编号:TYMG-20　-0000001

机防队员聘用合同

甲方:岳阳市田园牧歌农业综合服务有限公司

乙方:______________________

为适应公司发展要求,建立健全基层服务网络,强化机防队员的操作技术和服务功能,经甲乙双方友好协商,现就甲方聘用乙方担任村级机防队队员达成如下协议,以资共同遵照执行。

一、甲方的权利和义务

1、甲方的权利:

A、按照公司经营需要,由机防队长推荐、公司考核审查,选拔机防队队员,统一组织签订聘用合同后,按照甲方有关方案要求组织进行病虫害专业化统防统治工作;

B、要求机防队使用由公司统一配送的农药、机械等物资,并落实节约原则和保管责任;

C、要求乙方对承包合同范围内的农作物数量、实际田亩面积进行核实统计、申报;

D、要求乙方配合机防队长按承包合同及时收缴服务费用。

E、对不按公司统一要求进行防治工作或人为造成防治责任事故的机防队员进行相应处理,确保防治工作及时到位,务必达到防治效果;

2、甲方的义务:

A、按照合同要求及时支付乙方薪酬费用;

B、为乙方提供有关农作物专业化统防统治的有关信息和技术,并依据工作需要进行业务培训;

C、结合病虫害情况及时制定防治方案,提供所需防治药品和药械,做好后勤保障工作。

D、为乙方提供意外伤害保险。

二、乙方的基本职责、义务和权利

1、乙方的基本职责和义务:

A、按公司统一部署,配合甲方做好农作物病虫害专业化统防统治的宣传发动,尽力扩大业务规模;

B、做好签约农户实际田亩统计,落实和掌握田亩的实际面积和具体位置;

C、协助机防队长做好农户的合同签订工作和收费工作;

D、依据公司防治方案及时申领防治工作所需机械、农药、防护用品等,并在规定时限内保质、保量完成病虫害专业化防治任务,务求达到规定防治效果;负责做好农药包装废弃物品的集中回收和处理,每天施完药后,做好《田间作业档案》的填写;

E、协助机防队长做好防治效果的检查工作和农户的回访工作;

F、对农户反映的重大、突出等问题需及时上报机防队长,经公司研究许可后,按公司要求采取补救措施;

G、严格执行《安全用药技术操作规程》,严格按照甲方要求穿戴配发的防护服、防护帽、面具、手套等装备,严防各种防治事故发生;

H、参加相关业务培训，不断提高专业技能。对自己使用的机械要进行日常维护和保养，使之保持正常使用状态；

I、完成公司安排的其他任务。

2、乙方的权利：

A、要求甲方按合同要求及时支付薪酬费用；

B、要求甲方及时提供病虫害专业化统防统治的具体方案和信息技术；

C、要求甲方按承包合同和防治方案及时配送防治药剂和机械；

D、根据基本职责要求负责本级相关工作。

三、特别约定：

1、乙方除完成公司统防统治任务外，还有义务参与公司的相关管理活动；

2、除遇有特别情况，如乙方不执行公司要求需单方解除合同等情况，甲乙双方任何一方需解除合同时，应提前三个月提交解除意向；

3、机防队员如因人为主观因素造成防治效果不达标需补施药或需对农户进行防治责任赔偿的，公司除责成乙方承担赔偿费用和用药用工费用外，乙方需配合甲方做好农户的协调工作。

四、薪酬及考核标准

1、薪酬标准：甲方施药按单次计价，早稻第一次_____元/亩，第二次_____元/亩，第三次_____元/亩；晚稻第一次_____元/亩，第二次_____元/亩，第三次_____元/亩，第四次_____元/亩；一季稻第一次_____元/亩，第二次_____元/亩，第三次_____元/亩，第四次_____元/亩，第五次_____元/亩；薪酬费用按早晚稻分季支付，每季收割完毕，按考核要求支付当季薪酬费用。

2、考核标准：单次防治效果全部合格，且补治面积控制在2%以内的，每降低一个百分点，另增加0.5元/亩·次费用，补治面积超过2%，每增加一个百分点，按1元/亩·次扣除；必须按照甲方要求穿戴配发的防护服、防护帽、面具、手套等装备，如未按要求穿戴罚款50元/次。

五、本合同期限为一年，第二年续约时重新签订。

六、本合同一式两份，甲乙双方各执一份，具有同等法律效力，自双方签字后生效执行；

七、本合同未尽事宜双方应本着友好合作的原则另行协商解决。

(白)：公司留存联　(红)：客户留存联

甲方(签章)：　　　　　　　　乙方(签名)：

签名：　　　　　　　　　　　联系电话：

时间：　年　月　日　　　　　时间：　年　月　日

(五) 看设备水平

先进高效的施药机械，是专业化防治组织提高防治效益、增强生命力的物质基础，不仅可以提高施药的均匀性、对靶性，减少农药损失，提高农药利用率和防治效果，还可以显著提高作业效率。专业化防治组织将农民防治费用支付给机手，本身盈利空间十分有限，因此，必须通过提高管理水平，统一购进大包装农药，并优先选用高效施药机械，才能在不增加农民投入的情况下，提升收益水平。而背负式机动弥雾机和担架式液泵喷雾机，属于半机械化的药械，要靠人背负或手工辅助作业，机械本身的技术含量不高，对施药人员的施药技术要求高，作业质量更大程度上受施药人员水平的影响。

（六）看综合实力

病虫害防治季节性强，每种病虫害的防治适期只有3～5天，水稻防治3～6次，小麦防治3次左右，玉米防治2次左右。对防治组织来说，防治时任务重、时间紧，而其他时间就很空闲，仅靠提供病虫害防治服务难以使防治组织和机手有稳定收入，难以满足自身发展的需要。而综合实力强的服务组织，除了提供病虫害防治服务以外，还开展耕地、种植、收割，甚至全产业链的服务。

小贴士

获得“全国农作物病虫害专业化统防统治百强服务组织”称号的陕西汇丰源农业科技发展有限公司，于2012年小麦种植时期，探索了全程服务模式，承包小麦种植过程全部农活，即耕地、种植、施肥、灌溉、除草、防治病虫害和收割等，农户每亩地交460元，就可以等待分配麦粮。2012年签订了1万多亩的服务协议，不仅服务效果得到农民的广泛认可，服务组织也获得了可观的收益。

二、签订统防统治服务合同

（一）签订合同的目的

专业化统防统治是防治服务组织为农民提供的一种有偿的病虫害防治服务方式。签订合同的目的是约束双方履行各自的职责，达到约定的目标，并保护合同双方的合法权益。防治服务组织和农民通过签订合同，就防治农作物病虫害的相关权利、义务关系达成一致。依法成立的合同，对当事人具有法律约束力，不履行或不完全履行合同要承担法律责任。当事人应当按照约定，履行自己的义务，不得擅自变更或者解除合同。

（二）合同内容

农作物病虫害专业化统防统治承包服务合同应包括如下内容：合同双方主

体；服务的内容、收费标准、防治标准和赔偿标准；双方的权利和义务；违约责任；合同纠纷调处办法。服务合同首先应合法、合理、合情，同时用词要准确、语言无歧义、涉及的细节要尽量约定写明。

①服务项目和内容：包括作物、品种、田地实际面积、详细地点、服务期限和承包防治的主要病虫害种类。

②防治标准：一般来说专业化统防统治承包田的防治效果应高于农民自防区的防治效果，但病虫暴发年份应酌情考虑。如粮食作物整体病虫损失率不高于5%，棉花整体病虫损失率不高于8%。

③收费标准：应以县级植保部门制订的收费标准作为参考依据，服务组织和农民充分协商，双方认可。标准的制订应考虑当地当季作物的用药成本、施药工资、管理费用、机械折旧等因素。

④赔偿标准：开展全程承包防治服务，应制订产量赔偿标准，服务组织因防治失误造成产量损失的应当赔偿。赔偿额度可参考当年该区域当季平均单产，当服务田块的产量达不到当年该区域当季平均单产时，应赔偿差额部分。但最高赔偿标准早稻不超过400千克/亩，晚稻不超过450千克/亩，中稻不超过500千克/亩。

⑤损失及赔偿标准细则，由县级植保部门根据当地实际，组织相关专家制订，县级农业行政主管部门审定发布实施。

（三）双方权利和义务

①服务组织：应根据当地植保部门提出的指导意见和实际情况，制订对承包田病虫防治的具体措施和方案，组织安排专业机手开展服务；有责任将技术方案、操作程序、作业档案公示告之服务的农户；有义务将自身的组织章程、管理制度、操作程序、实施技术、可追溯作业档案公开或上墙公示；有义务为被承包户培训服务对象田的培管技术；按照合同规定的收费标准和收费时间收取承包费。

②服务对象（农户）：对服务组织的资质、规模、水平、规章、制度、机手、服务措施和过程等有知情权；对服务全过程有监督权，特别是对防治效果的监督；对合同约定内容的执行情况有发言权；有无偿参加配套的农业防治、科学管水、平衡施肥、分厢留沟等培训的义务；有如实报告服务面积和按时交清服务费的义务。

（四）纠纷解决

农作物病虫害专业化统防统治在露天下作业，不确定因素多，服务组织和服务对象之间难免出现纠纷。出现的纠纷主要表现在产量损失上。一旦出现产量损失，双方均应在收获前或损失出现最容易判断期弄清造成的原因，分清责任，双方按照合同条款协商解决。

如损失较大或纠纷难以协商，可按以下程序解决：

①申请鉴定：可向当地县级或县级以上农业行政主管部门所属的植保事故鉴定委员会申请鉴定，县级或县级以上农业行政主管部门所属的植保事故鉴定委员会在接到申请后，5个工作日内应组织专家鉴定小组到田间进行实地调查或勘察，分析原因，划分责任，出具鉴定意见。

②协调处理：由县级或县级以上农业行政执法大队组织双方根据专家鉴定小组意见进行调解、仲裁。

③上诉处理：县级或县级以上农业行政执法部门协调未果的，可向当地县级或县级以上人民法院提起上诉。

（五）合同样本

以水稻为例，参考样本。

甲　方：____________________公司（合作社）

乙　方：________________县________________乡（镇）________________村________________组，村民________________

为了切实解决农户水稻重大病虫防治难的问题，做到科学用药，安全、高效、环保防治水稻病虫害，降低农业生产成本，提高水稻病虫害综合防治水平。经甲乙双方协商，特签订______年度水稻病虫害专业化防治承包服务合同。

一、乙方以有偿服务形式将以下稻田病虫害防治工作交由甲方承包，具体面积和防治服务费用如下：（单位：元/亩、元、亩）

类型	承包丘块面积明细	品种	实际防治承包面积	单价	金额
早稻					
晚稻					
中稻					
合计金额（大写）　万　仟　佰　拾　元　角　分（￥：　　　　）					

二、服务内容及形式：甲方对合同约定的乙方水稻丘块实施常规病虫害（即二化螟、三化螟、稻纵卷叶螟、稻飞虱、稻蓟马、纹枯病、稻瘟病、稻曲病）全程承包防治服务。即由甲方提供防治技术方案，包农药、包药械、包施药、包稻谷农药残留不超标、包危害损失超标部分赔偿的全程承包服务。

三、收费标准及缴费时限：

早稻病虫害防治收取服务费__________元/亩，晚稻病虫害防治收取服务费__________元/亩，一季稻病虫害防治收取服务费__________元/亩。签订合同时，乙方向甲方一次性交清防治服务费。

四、甲方责任：

1. 甲方对本合同第一、二条约定的服务丘块、内容开展病虫害防治，保证水稻病虫害损失率在5%以下。如果水稻病虫害损失超标，但损失不严重，由甲乙双方协商解决；如损失较重，乙方须在收割前15天内提出赔偿要求，赔偿金额经县级植保事故专家鉴定委员会组织专家进行现场鉴定后由县农业行政执法大队仲裁。

2. 甲方负责回收承包服务面积内使用药剂的包装物。

五、乙方责任：

1. 乙方须如实向甲方申报被承包丘块的实际面积；按照甲方防治技术要求及时管水，并在防治后及时检查防治效果；如防治效果不达标，需在48小时内通知甲方。不得在施药后将田中药水向临近水域排放。因排放造成的损失由乙方自负。

2. 选好适宜的种植品种和栽培方式，播种前按照种子包装说明书的要求做好种子消毒处理；科学管水施肥。

3. 乙方不得干扰甲方的防治安排，甲方对病虫防治有决策权。对达不到防治指标的丘块，甲方有权不安排防治。

六、责任免除：以下原因造成的水稻产量损失，甲方不承担责任。

1. 检疫性、突发性、暴发性病虫害难以准确、及时防控的病虫害造成的损失（如南方黑条矮缩病、细条病、小球菌核病等病虫害）。

2. 稻瘟病常发区、重发区发生的稻瘟病造成的损失。

3. 因洪涝、干旱、冷害、污染、除草剂累积中毒等人力不可抗拒的因素造成的损失。

4. 乙方虚报承包面积，即乙方实际防治面积大于合同承包面积而影响效果所造成的损失。

七、本合同一式两份，甲乙双方各执一份，双方签字（盖章）后生效，合同有效期至　　年　月　日。

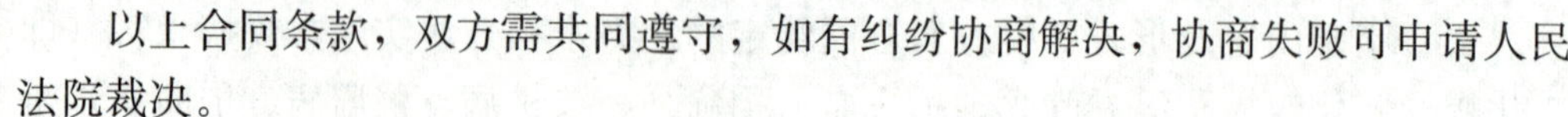

以上合同条款，双方需共同遵守，如有纠纷协商解决，协商失败可申请人民法院裁决。

甲　　方（签章）：　　联系电话：

乙　　方（签章）：　　联系电话：

年　月　日　　　　　年　月　日

思考与训练

1. 农民向防治服务组织提出哪些要求是合理的？哪些要求是不合理的？
2. 如何判断防治服务组织的服务能力和服务水平高低？

模块四

安全使用农药

通过学习安全使用农药基础知识，了解使用、购买农药的原则；了解科学用药的重要性，改变错误的用药习惯和做法。

一、农药的选择

（一）依据国家的有关规定选择农药

农药使用不当会带来严重的负面影响，给农业生产和社会造成危害，为此，国际上非常重视对农药使用的管理工作，我国农药管理和使用的相关部门也制定了一系列的法规来规范农药的使用，在选择农药品种时，必须遵守这些法规和《农药登记公告》。目前我国主要的农药法规有下列 4 种。法规具体内容和《农药登记公告》可登录中国农药信息网查询（www. chinapesticide. org. cn）。

1. 《农药安全使用规定》（以下简称《规定》） 农业部和卫生部于 1982 年颁布的使用法规，至今仍然具有重要的指导意义。在购买和使用农药时，要了解该规定的要求，避免在相应的作物和范围内使用不符合要求的农药品种。《规定》将当时生产上应用的农药划分为 3 类，第 1 类为高残留农药和高毒农药，列入此类的农药品种有 26 个；第 2 类为中毒农药，列入此类的有 42 个品种（类）；第 3 类为低毒农药，列入此类的农药品种 27 个。《规定》要求，所有使用的农药品种中，凡已制定农药安全使用标准（即合理使用准则）的品种，均按标准的要求执行；尚未制定出标准的品种，则按《规定》执行。对第 1 类农药的使用作出了具体的限制：高毒农药不得使用于果树、蔬菜、茶叶和中药材，不得用于防治卫生害虫和人、畜皮肤病；高残留农药不得用于果树、蔬菜、茶叶、中药材、香料、饮料等作物。《规定》同时还对农药的购买、运输、保管、使用中的注意事项和防护等进行了规范。

2. 《农药合理使用准则》（以下简称《准则》） 农业农村部负责制定，国家颁布的农药使用标准。它对每一种作物上使用的农药品种的使用量、使用次数、安全间隔期等做了明确的规定，按照《准则》使用农药，可以保证收获后的农产品中农药的残留量不超标。在选择使用农药品种时，最好根据《准则》中的名单来决定选用什么农药。然而，尽管我国已经制定了 4 批农药合理使用准则，但由于作物品种和农药品种众多，制定的《准则》仍远不能适应生产的需要。

3.《农药安全使用规范　总则》　农业部于 2007 年颁布的农药使用标准。它根据农药使用特点，提出了农药在使用前、使用中和使用后全过程的具体安全操作行为规范，并规定了与农药使用有关的选择、购买、配制、施用、安全防护、施药后处理、中毒急救等方面的行为，可以保证农药使用全过程的规范化操作。

4. 中华人民共和国农业农村部公告　农业农村部发布的有关农药管理的文告，如《中华人民共和国农业部公告第 199 号》公布了国家明令禁止使用的农药和在蔬菜、果树、茶叶、中草药材上不得使用和限制使用的农药。

5. 农药登记公告（以下简称公告）　由农业农村部农药检定所发布的，获得农药登记的所有农药品种的文告。每一种农药的生产厂家、商品名称、毒性、许可的范围和时间、许可使用的作物、使用剂量、使用时间和使用注意事项都在公告中列出。基本上涵盖了农药标签的主要内容，是选择使用农药时的重要参考资料。

小链接

《农药安全使用规范　总则》（NY/T 1267—2007）

（二）根据防治对象选择农药

农药的品种很多，各种药剂的理化性质、生物活性、防治对象等各不相同，某种农药只对某些甚至某种防治对象有效。因此，施药前应调查病、虫、草和其他有害生物发生情况，对不能识别和不能确定的，应查阅相关资料或咨询有关专家，明确防治对象并获得指导性防治意见后，根据防治对象选择合适的农药品种。

病、虫、草和其他有害生物单一发生时，应选择对防治对象专一性强的农药品种；混合发生时，应选择对防治对象有效的农药。在一个防治季节应选择不同作用机理的农药品种交替使用。

（三）根据农作物和生态环境安全要求选择农药

应选择对目标作物、周边作物和后茬作物安全的农药品种，选择对天敌和其他有益生物安全的农药品种，选择对生态环境安全的农药品种。

二、农药的购买

（一）仔细阅读农药标签

农药标签是农药使用的说明书，是购买和使用农药的最重要参考。通过对标签的阅读，可以了解农药的合法性和农药的使用方法、注意事项等。阅读标签时应注意如下几方面内容：

1. 产品的名称、含量及剂型

（1）针对“一药多名”问题，2007 年 12 月 8 日，《中华人民共和国农业部公告第 944 号》明文规定：自 2008 年 7 月 1 日起，农药生产企业生产的农药产品一律不得使用商品名称，而改用通用名称。因此，标签上的农药产品名称使用农药通用名称或由 2 个或 2 个以上的农药通用名称简称词组成的名称。1 个农药产品应只有 1 个产品名称。

（2）农药产品名称以醒目大字表示，并位于整个标签的显著位置。

（3）在标签的醒目位置标注了产品中含有的各有效成分通用名称的全称及含量，相应的国际通用名称等。

（4）农药产品的有效成分含量通常采用质量百分数（%）表示，也可采用质量浓度（克/升）表示。特殊农药可用其特定的通用单位表示。

2. 产品的批准证（号） 标签上注明该产品在我国取得的农药登记证号（或临时登记证号），有效的农药生产许可证号或农药生产批准文件号，以及产品标准号。

3. 使用范围、剂量和使用方法

（1）标签上按照登记批准的内容标注了产品的使用范围、剂量和使用方法。包括适用作物、防治对象、使用时期、使用剂量和施药方法等。

（2）用于大田作物时，使用剂量采用每公顷（hm^2）使用该产品总有效成分质量克（g）表示，或采用每公顷使用该产品的制剂量克（g）或毫升（ml）表示；用于树木等作物时，使用剂量可采用总有效成分量或制剂量的浓度值（毫克/千克、毫克/升）表示；种子处理剂的使用剂量用农药与种子质量比表示。其他特殊使用的药剂，使用剂量以农药登记批准的内容为准。为了用户使用的方便，在规定的使用剂量后，一般用括号注明亩用制剂量或稀释倍数。

（3）净含量。在标签的显著位置注明了产品在每个农药容器中的净含量，用国家法定计量单位克（g）、千克（kg）、吨（t）或毫升（mL）、升（L或l）、千升（kL）表示。

4. 产品质量保证期

农药产品质量保证期一般用以下3种形式中的1种方式标明：

（1）生产日期（或批号）和质量保证期。如生产日期（批号）“2000-06-18”，表示2000年6月18日生产，注明“产品保证期为2年”。

（2）产品批号和有效日期。

（3）产品批号和失效日期。

（4）分装产品的标签上分别注明产品的生产日期和分装日期，其质量保证期执行生产企业规定的质量保证期。

5. 毒性标志 在显著位置标明农药产品的毒性等级及其标志。农药毒性标志的标注应符合国家农药毒性分级标志及标识的有关规定。

6. 注意事项

（1）标明该农药与哪些物质不能混合使用。

（2）按照登记批准内容，注明该农药限用的条件（包括时间、天气、温度、湿度、光照、土壤、地下水位等）、作物和地区（或范围）。

（3）注明已制定国家标准的该农药安全间隔期，一季作物最多使用的次数等。

（4）注明使用该农药时需穿戴的防护用品、安全预防措施及避免事项等。

（5）注明施药器械的清洗方法、残剩药剂的处理方法等。

（6）注明该农药中毒急救措施，必要时注明对医生的建议等。

（7）注明国家规定的禁止该农药使用的作物或范围等。

7. 贮存和运输方法

（1）标签上注明农药贮存条件的环境要求和注意事项等。

（2）注明该农药安全运输、装卸的特殊要求和危险标志。

8. 生产者的名称和地址

（1）标签上有生产企业的名称、详细地址、邮政编码、联系电话等，分装农药还要有分装企业的名称、详细地址、邮政编码、联系电话等。

（2）进口产品，用中文注明其原产国名（或地区名）、生产者名称以及在我国的代理机构（或经销者）名称和详细地址、邮政编码、联系电话等。

9. 农药类别特征颜色标志带 标签底部有一条与底边平行的、不褪色的农药类别特征颜色标志带，以表示不同类别的农药（卫生用农药除外）。其中，除草剂为绿色；杀虫（螨、软体动物）剂为红色；杀菌（线虫）剂为黑色；植物生长调节剂为深黄色；杀鼠剂为蓝色。

10. 象形图 标签底部有用黑白两种颜色印刷的象形图（图 4－1）。

图 4－1 象形图的种类和含义

11. 其他内容 标签上可以标注必要的其他内容，如对消费者有帮助的产品说明、有效期内商标、质量认证标志、名优标志、有关作物和防治对象图案等，但标签上不得出现未经登记批准的作物、防治对象的文字或图案等内容。

12. 标签的其他注意事项

（1）规范的农药标签应粘贴于包装容器上，将标签的内容直接印刷于包装容器上也是可以的。如果包装容器过小，标签不能说明全部内容，可以随外包装附上与标签内容要求相同的说明书，但此时标签上至少应有产品的名称、含量、剂型、净含量、生产企业等内容。

（2）标签的材料结实耐用，不易变质。

（3）标签上的文字、符号、图形清晰，易于辨认和阅读。在流通中，标签不脱落，其内容不会变得模糊。

（4）标签的重要内容如产品名称、含量、剂型、有效成分中文及英文通用名称、防治对象、使用方法、毒性标志等被置于显著位置。

（5）标签的文字为规范的中文简体汉字，少数民族地区可以同时使用少数民族文字。

（6）分装产品的标签设计内容应与其生产企业的标签基本一致，仅在原标签基础上加注有关证号、分装日期、净含量以及分装企业的名称、详细地址、邮政编码、联系电话等。

（7）一种标签只适用一种农药产品；一种包装规格的产品，应只有一种标签；不同包装规格的同一种产品，其标签的设计和内容基本一致。

（二）辨识假劣农药

伪劣农药的危害十分严重，它往往使用药者浪费了资金、人力，更导致防治效果不佳，农作物的病虫害得不到有效控制，严重则导致作物药害，对生产造成严重破坏。因此，避免购进伪劣农药，是保证农业生产顺利进行的前提之一。假劣农药的辨识可从以下几个方面进行：

1. 外观 看包装标贴和内容物，劣质农药一般体现在：

①外包装：印刷质量不良或粘贴不好，包装物污渍严重。

②内容物：乳油、超低量乳油和水剂、水溶性剂、微乳剂等混浊不清，有分层和沉淀的杂质；农乳剂、悬浮剂等严重分层，轻摇后倒置，底部仍有大量的沉淀物或结块；粉剂和可湿性粉剂结块严重，手摸有硬块；片状熏蒸剂粉末化，烟剂受潮严重等。

2. 标签 仔细阅读标签，对照标签的 11 项基本内容要求，检查各项内容是否全面；查阅农药登记公告，看标签上的登记证号与公告里的是否相同，厂家是否一致，登记的使用作物和使用剂量是否和标签所标明的一样；仔细观察农药的生产厂家和地址，对照电话区号本，确认联系电话的区号是厂家地址的区号，按照标签所标明的电话打电话核实。

3. 试验 将少量农药取出，用量筒等玻璃器皿进行稀释试验，观察试验的结果。如果乳油出现浮油、分层等，则认为乳化结果不良；如果水剂、水溶性液剂、微乳剂等短时间内不能完全溶于水，则表明剂型不合格；如果可湿性粉剂、水分散粒剂、干悬浮剂、悬浮剂等出现过快的沉淀，则证明悬浮剂的悬浮率过低，产品不合格；气雾罐按下时喷雾力小，证明气压不足；烟剂点燃后很快熄灭，证明发烟效果不良等。

4. 化验 根据农药检验的有关要求，对农药的有效成分进行化验。

（三）购买农药技巧

1. 根据作物的病虫草害发生情况，确定农药的购买品种，对于自己不认识的病虫草，最好携带样本到农药零售店咨询。

2. 仔细阅读标签，对照标签的11项基本要求进行辨别，最好查阅《农药登记公告》进行对照。

3. 选择可靠的销售商，一般生资系统、植保和技术推广系统以及厂家直销门市部的产品比较可靠，老鼠药和高毒农药的销售，在部分地区需要有专销许可证。

4. 选择熟悉的农药生产厂家的品种，新品种应该选择在当地通过试验证明可行的。

5. 对于大多数病虫害，不要总是购买同一种有效成分的药剂，应该轮换购买不同的品种。

6. 要求农药销售者提供农药的处方单，购买农药时应索要发票；使用时或使用后如发现假劣农药，应该保留包装物；出现药害，应该保留现场或拍下照片，并及时向农业行政主管部门或具有法律、行政法规规定的有关部门反映，以便及时查处。

小链接

禁用、限用农药名录（农业农村部会不定期公布新的禁用、限用农药名单，可登录中国农药信息网查询，www. chinapesticide. org. cn）

三、科学使用农药

（一）科学使用农药的优点

1. 防止农药残留与农药污染危害　农药残留是指农药使用后残存在生物体、农副产品、环境中的原体和有毒代谢物、降解物和杂质的总称。农药残留可造成污染，危害农畜产品和环境，高残留的农药造成的污染非常严重。在农畜产品中，当非高残留农药按照推荐的剂量、方法和时间施药时，农畜产品中不会有毒性残留问题。

在环境中，直接喷洒的农药除部分着落于作物上或飘移至附近农田外，大部分落入土壤中。因土壤中各种降解因素的影响，一般的农药残留主要来源于当年使用的农药，但部分高残留的农药则可能遗存更长的时间。土壤中的农药可被作物吸收，可蒸发进入大气，亦可经雨水或灌溉水流入河流和渗入地下水中，造成水体中的鱼大量死亡（图 4－2）。农药残留主要由直接施药引起，也可吸收环境中的农药或通过食物链富集造成。残留可以通过生物和非生物的方式分解。农药在农副产品和环境中的残留关系到人类的健康，因此必须研究控制和减少农药残留的措施。

农药的残留量与农药本身的性质和环境条件有密切的关系，控制农药残留量的主要措施在于农药的使用，包括农药剂型、施药量、施药方法、施药次数、最后一次施药距收获的时间等。在农药使用时遵守施药行为规范，则农药残留的污染可以得到有效地控制。我国制定的规范主要包括两方面内容：一是农药安全使用规定，它规定农药许可使用的范围；二是农药合理使用准则，它规定如何使用农药才能保证农产品中农药残留不超过限量。

此外，为了控制被污染农副产品进入消费市场，对主要农副产品进行残留检测，也是一项重要的措施。

图 4－2　乱用药造成的危害

2. 避免产生农作物药害　科学使用农药，能有效地控制病虫，确保农业增产，提高产品质量。但如用药不当，可能会出现药害。药害是指使用农药后，对作物产生的损害，是农药施用到作物上所产生的不良作用，或在土壤中的残留对后茬作物的不良影响。如种子不发芽、发芽后不出土，根、芽膨大畸形，叶片焦斑、黄化、青立、扭曲、畸形、脱落等，造成产量降低，品质变劣等等。药害产生的原因主要有：一是用药不当造成的，如把农药用在敏感的作物上，或在作物敏感的生育期施用，或用药量过大，或是混用不合理，施药不匀或重复喷药等；二是施药时农药飘移到敏感的作物上；三是使用过除草剂的喷雾器具未清洗干净；四是残留在土壤中的的农药及其分解物所引起的。

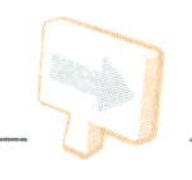

小链接

药害分类

根据药害的表现时间，一般可分为急性、慢性和残留性3种。

急性药害：指短期内（施药后1～10天）作物发芽率下降，叶片表现黄化、斑点、畸形，生长矮化等症状；

慢性药害：作物表现生长停滞、不结实、延迟成熟等症状；

残留性药害：农药在土壤中积累到一定数量，对后茬作物产生药害的症状。

为了防止药害的产生，应注意如下几个方面：

（1）正确选用农药品种。不同作物或一种作物中的不同品种对农药的敏感性有差异，如果把某种农药施用在敏感的作物或品种上就会出现药害。如高粱对滴滴畏、敌百虫较敏感；乙草胺可广泛用于番茄、辣椒、茄子、大白菜、芹菜、萝卜、葱、姜、蒜等多种蔬菜，但在黄瓜、菠菜、韭菜上使用易发生药害。

（2）注意用药剂量和用药时间。五氯酚钠是一种除草、杀菌、杀虫兼具的农药。果农用五氯酚钠与石硫合剂的混合液进行葡萄清园，可防治葡萄黑痘病、炭疽病、灰霉病等病害，但若盲目提高使用浓度，或在葡萄老蔓剥过枯皮后使用，极易产生药害。有些除草剂的使用量有严格的规定，只有在一定的剂量下才对作物安全，超过一定的范围或施药不均匀，就容易发生药害。农作物和果树的开花和幼果期，其组织幼嫩，抗逆能力弱，容易发生药害，因此，必须避开作物开花（扬花）期和果树幼果期施药。露水未干及雨后作物叶片上留有水珠时喷粉易造成药害。

（3）气候条件。刮风喷农药会使农药飘移；施用除草剂后降雨量过大，也可能导致药害。如在玉米田施用乙草胺，施药后降雨量过大，有可能出现药害。除草剂以土壤处理方式施用后，如遇上低温天气，作物出苗慢，接触药剂的时间长，很容易发生药害。烈日下施药，植物代谢旺盛，叶片气孔张开，容易发生药害，同时易使药剂挥发，降低防治效果。

（4）防止飘移。使用除草剂时要特别注意防止雾滴飘移到邻近的敏感作物上。阔叶植物（棉花、大豆、马铃薯、油菜、瓜类及果树等）对2，4-滴丁酯、二甲四氯等敏感，因此，使用2，4-滴丁酯进行化学除草时，一定要考虑毗邻是否有阔叶作物和注意施药时的风向。

（5）清洗药械、量杯、容器。盛装过除草剂的量杯、容器和喷雾器，需经水洗，热碱或热肥皂水洗 2～3 次，然后再用清水洗净，才能用来盛装其他农药，否则，很容易造成药害。

(6) 防止残留药害。有些除草剂如莠去津、氯嘧磺隆、普施特、广灭灵等生物活性高，在土壤中降解较慢，残留期长。施用上季作物后残留在土壤中的这些除草剂有可能影响下茬敏感作物的正常出苗和生长。如在大豆田施用普施特造成下茬水稻药害。为了防止这类除草剂的残留药害（图 4－3），一是按照说明书要求的使用剂量施药，不得随意加大剂量；二是施药期不得推迟；三是下茬不种植敏感作物。

图 4－3　乱用药造成的作物药害

3. 减轻对有益生物的伤害和避免害虫再增猖獗

(1) 减轻对有益生物的伤害。在使用农药时，环境中往往存在很多其他的生物，农药对它们同样会产生毒害作用。这些生物，有些是人类出于利用的目的而饲养，例如家蚕、蜜蜂、鱼、虾、蟹等；有些可以帮助人类消灭害虫，如瓢虫、草蛉、青蛙等天敌；或是对于生态保护有很大作用，例如鸟类、蚯蚓等，它们对于人类来说是有益的，通称为有益生物。

为了避免在使用农药时大量杀伤它们，原则上需要了解每一个农药品种对它们的毒性，以便在使用农药时采取相应的措施来减少危害。由于有益生物种类很多，对每一种都进行了解十分困难，因此，常用一些主要的有益生物作为代表，主要有蜜蜂、鸟类（鹌鹑、鸽子等）、鱼类（鲤鱼、虹鳟鱼等）、蚕（家蚕）、蚯蚓、水藻（小球藻）、水蚤、赤眼蜂等。以这些生物作为试验对象，对其进行急性毒性试验和慢性毒性试验。根据试验的结果，制订每种农药的安全使用注意事项。例如，通过试验证明，杀虫单等沙蚕毒素类产品对家蚕的毒性极高，因此在蚕桑上和桑田周围不得使用此类药剂；氟虫腈对虾、蟹类毒性极高，因此在水塘、水源地周围不能使用该药剂。

(2) 避免害虫再增猖獗。使用农药防治害虫，导致害虫更大程度的发生或次要害虫变成了主要害虫，此类现象称为害虫的再增猖獗。原因主要是：①大量杀伤天敌，使害虫失去了天敌的控制作用；②某些农药对植株的生理结构和营养成分产生影响，变得有利于害虫取食；③药剂本身对害虫有某些刺激作用，导致害虫的生命力、产卵数量增加。因此，对于害虫有某些刺激作用的农药品种，在使用时要加以限制。防止害虫再增猖獗的措施主要包括：①在施药时尽量使用选择性杀虫剂，如灭幼脲、抗蚜威等药剂；②利用天敌和害虫的生长生育时间差或栖息空间差来实现生态选择性；③选育抗药性的天敌。

4. 延缓和减轻有害生物抗药性的发生 农药的抗药性往往随着农药的使用而发生。抗药性是一种微进化现象，它的发展不像种群增长那样立即表现出来，只有在防治失败时才被察觉。药剂的使用虽然暂时降低了有害生物的种群数量，却增加了有害生物产生抗药性的频率。因此，抗药性的预防比抗药性产生后的治理更为重要。

为此，在使用农药时，应该遵从以下策略：①限制使用药剂，降低药剂的选择压，包括减少农药的使用次数和采用适当的使用浓度；②换用无交互抗药性的杀虫剂；③合理混用（包括应用增效剂）和轮用；④选择靶标敏感的时期；⑤镶嵌式防治。其中，第②、③条措施是预防与治理抗药性的最主要措施，即使用不同作用机制的杀虫剂。

（二）科学用药的措施

1. 对症下药 各类农药的品种很多，特点不同，应针对要防治的对象，选择最适合的品种，并尽可能选用对天敌杀伤作用小的品种。

2. 适时施药 现在各地已对许多重要病、虫、草、鼠制订了防治标准，即常说的防治指标。根据调查结果，达到防治指标的田块应该施药防治，没达到指标的不必施药。一般根据有害生物的发育期、作物生长进度和农药品种而定施药时间，还应考虑田间天敌状况，尽可能躲开天敌的农药敏感期。既不能单纯强调“治早、治小”，也不能错过有利时期。特别是施用除草剂时既要看草情还要看“苗”情，例如芽前除草剂，绝不能在出芽后用。

3. 适量施药 任何种类农药均须按照推荐用量使用，不能任意增减。为了做到准确，应将施用面积量准，药量和水量秤准，不能草率估计，以防造成作物药害或影响防治效果。

4. 均匀施药 喷洒农药时必须使药剂均匀分布在作物或有害生物表面，以保证取得好的防治效果。现在使用的大多数内吸杀虫剂和杀菌剂，以向植

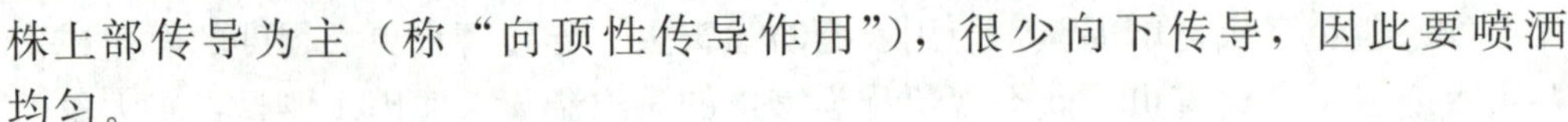

株上部传导为主（称“向顶性传导作用”），很少向下传导，因此要喷洒均匀。

5. 轮换用药 多年实践证明，在一个地区长期连续使用单一品种农药，容易使有害生物产生抗药性，特别是一些菊酯类杀虫剂和内吸性杀菌剂，连续使用数年后，防治效果即大幅度降低。轮换使用不同作用机制的品种，是延缓有害生物产生抗药性的有效方法之一。

案例 4－1

“好农药”为何越用效果越差

敌杀死、来福灵都是20世纪80年代的明星农药，销量很大。但是由于常年累积使用，害虫很快产生抗药性，防治效果开始下降，而农民往往为了追求好的防效，加大使用剂量，诱发抗性加快产生，防效进一步下降，形成恶性循环。2005年稻飞虱大暴发，造成大量水稻“冒穿”，不仅是因为稻飞虱发生重，更重要的是常年使用吡虫啉导致稻飞虱抗性严重，施药无效。近几年的“康宽”也有同样的问题。因此，再好的农药也不能常年多次使用，一定要选择不同作用机理的农药，交替轮换使用。

6. 合理混用 合理混用农药可以提高防治效果，延缓有害生物产生抗药性或兼治不同种类的有害生物，节省人力。混用的主要原则是：混用必须增效，不能增加对人、畜的毒性，有效成分之间不能发生化学变化，例如遇碱分解的有机磷杀虫剂不能与碱性强的石硫合剂混用。要随用随配，不宜贮存。

在考虑混合使用时必须有具体目的，如为了提高药效，扩大杀虫、除草、防病或治病范围，防治抗性病、虫和草，或用混合使用方法来解决农药不足的问题等。

除草剂之间的混用较为普遍，市售的很多除草剂本身就是混剂，如丁·苄、二氯·苄、丁·恶、乙·莠等。除草剂的混用除了提高药效和扩大杀草谱外，还有一个很重要的目的是降低单剂的使用剂量，从而防止对作物产生药害。

7. 严格控制安全采收间隔期 各类农药在施用后分解速度不同，残留时间长的品种，不能在临近收获期使用。有关部门已经根据多种农药的残留试验结果，制订了《农药安全使用标准》和《农药安全使用准则》，其中规定了各种农药在不同作物上的“安全间隔期”，即在收获前多长时间停止使用某种农药。

案例4-2

海南省“豇豆事件”

2010年1月25日至2月5日，武汉市农业局在抽检中发现，来自海南省英洲镇和崖城镇的5个豇豆样品水胺硫磷农药残留超标。消息一出，全国震惊。全国各地加大了对海南省豇豆的检测力度，又有多个地市发现海南省豇豆残留高毒禁用农药。海南省各级农业农村主管部门为此展开专项调查，尚未发现违规销售高毒农药案例。但事实上，水胺硫磷、甲胺磷等高毒农药在海南省仍有销售。湖北、广东、杭州、合肥等地都发现海南某些地方生产的豇豆农药残留超标，农业农村部下发了紧急通知，要求各地加强产品生产环节的监督。

武汉市共销毁有毒豇豆3.6吨，阻止近25吨海南省豇豆进入武汉市场。豇豆事件让海南省当地的农民、代购商和外省货商遭受了不小的损失。海南省豇豆滞销，价格下滑跌破1元，当地农民遭受巨大损失。

这一事件一方面说明高毒农药不能在蔬菜上使用，另一方面由于豇豆是无限花序蔬菜，虽然成熟的豇豆可以采摘上市，但正在开花、正在生长的小豇豆，更容易吸引害虫，需要及时防治。农民在施药防治时容易忽视农药的安全间隔期，比如今天打完药，明、后天就采摘上市，极易造成农药残留超标事故。

8. 保护环境 施用农药须防止附近水源、土壤等污染，一旦造成污染，可能影响水产养殖或人、畜饮水等，而且难于治理。按照使用说明书正确施药，一般不会造成环境污染。

四、施药后的处理

（一）施药田块的处理

1. 常规施药田块的处理 施过农药的作物、杂草上都附有一定量的农药，一般经4～5天后会基本消失。因此要在施用过农药的田块竖立明显的警示标志物，在一定的时间内禁止人、畜进入。

2. 施用过高毒农药田块的处理 对施用过有机磷高毒农药的棉田，3～5天内人、畜都不可进入。稻田施药后要巡视田埂，防止因田水渗漏和溢出而污染水源，3天内不放田水。警示牌可标明："此田已喷农药，5天内禁止入内，×月×日"；"蔬菜已喷农药，15天内请勿采摘，×月×日"；"果树已喷农药，30天内请勿采摘，×月×日"。

（二）残余药液及废弃农药包装的处理

1. 残余药液的处理

（1）喷雾器中未喷完药液（粉）的处理。在该农药标签许可的情况下，可再将剩余药液用完。对于少量的剩余药液，如果不可能在第2天继续使用，可在当天重复施用在目标物上。

（2）农药喷施结束后，对包装内未配制的药液或药粉必须保存在其原有的包装中，并密封储存于上锁的地方，不能用其他容器盛装，严禁用空饮料瓶分装剩余农药。要存放到儿童无法触及的地方。

2. 农药废弃包装的处理 农药包装废弃物一般为有毒有害的化学品。据统计，我国每年的农药包装废弃物约有32亿个，这些农药包装废弃物被随意弃之于河流、沟渠、田间地头，污染地下水源，对人类和环境造成极大的危害（图4-4）。如一些高分子树脂的塑料袋被日复一日地埋在土壤里，不但浪费土地，而且在自然环境下不易降解，可保留200～700年，污染环境，影响农作物生长。有资料显示，每亩塑料残留量达15千克时，可使油菜、小麦、稻谷分别减产54%、26%、30%。在水中的废弃物容易被动物吞入，导致中毒或死亡。因此农药的空容器和包装，必须妥善处理，不得随意乱丢，尤其不要弃之于田间地头。

图4-4 田间农药包装废弃物对田间（左）、水源（右）造成严重污染

（1）对常用农药废弃包装的处理。

①将金属类的农药容器冲洗3次，砸扁后将其深埋于土壤中。

②将塑料容器冲洗3次，砸碎后掩埋或烧毁。

③将玻璃瓶冲洗3次，砸碎后掩埋。

④纸包装烧毁或掩埋。

（2）对农药溢出物污染的包装和废弃物的处理。被农药溢出物污染的包装和废弃物必须集中在一个通风和远离人群、牲畜、住宅和作物的地方烧毁或掩埋，且不能污染水井和水源。

（3）对特殊农药的包装处理要求。

①除草剂的包装不能焚烧，因为燃烧时产生的烟雾有可能对作物产生药害。

②植物生长调节剂类农药也不能采用焚烧的办法处理废弃物。

（4）废弃包装物处理安全注意事项。

①农药包装废弃物属于有害废弃物，若自行处理不当，如焚烧温度不够、淹没深度不够或离水源地距离太近等，容易造成二次污染。因此，在一些经济条件较好、重视生态环境的地区，开始实施由政府补贴、农药经销店有偿回收农药包装废弃物、集中统一处理的方式，较好地解决了这一问题。例如黄山市按照“政府采购、统一配送、信息化管理、零差价销售、财政补贴”的原则，在全市范围内基本建成农药集中配送及包装废弃物回收体系。通过实行农药包装废弃物补贴回收政策，2016 年回收农药瓶、袋数量突破百万，显著减轻了环境污染。

②在尚没有实施农药包装废弃物补贴回收政策的地区，农民在配药时，一定要严格执行“三次清洗”原则。即将农药瓶、袋中的农药全部倒出时，一定要将清水加入农药瓶、袋中，涮洗后倒入配制药液的容器中，重复清洗 3 次。这样可以显著减少农药包装物上残留的农药，基本上达到无害包装废弃物的水平。

③焚烧农药废弃物必须在远离住宅和作物的地方进行，操作人员在焚烧时不要站在烟雾中，要阻止儿童接近。

④掩埋废容器和废包装应远离水源和居民点。

⑤对于不能及时处理的农药容器，应妥善保管，以防被盗和滥用，同时要阻止儿童和牲畜接近。

⑥不要用农药空容器盛装其他农药，更不能作为人、畜的饮食用具。

（三）清洁与卫生

1. 施药器械的清洗 施过农药的器械不得在小溪、河流或池塘等水源中洗涮，洗涮过施药器械的水应倒在远离居民点、水源和作物的地方。

2. 防护服的清洗

（1）施药作业结束后，应立即脱下防护服及其他防护用具，装入事先准备好的塑料袋中带回处理。

（2）带回的各种防护服、用具、手套等物品，应立即清洗。根据一般农药遇碱容易分解的特点，可以用碱性物质对上述物质进行消毒。如用碱水或肥皂水或草木灰水浸泡。草木灰是碱性物质，常用1千克草木灰加16千克水做成消毒液，待澄清后取上面的清液使用，有一定的消毒效果。若被农药原液污染，可先放入5%碱水或肥皂水中浸泡1～2小时，然后用清水清洗。

(3) 橡胶及塑料薄膜手套、围腰、胶鞋被农药原液污染，可放入10%碱水内浸泡30分钟，再用清水冲洗3～5遍，晾干备用。

3. 施药人员的清洗

(1) 应先用清水冲洗手、脚、脸等暴露部位，再用肥皂洗涤全身，并漱口换衣。

(2) 对于使用了背负式喷雾器的人员，因腰背部污染较多，需反复清洗。有条件的地方最好采用淋浴，条件差的地方在用肥皂清洗后，再用清水进行冲洗。

(四) 用药档案记录

每次施药应记录天气状况、用药时间、药剂品种、防治对象、用药量、对水量、喷洒药液量、施用面积、防治效果、安全性。

思考与训练

1. 购买农药要注意哪些方面?
2. 科学用药要考虑哪些因素?
3. 药后为什么要对田块、包装物、药械、防护服进行处理?

【插图】16张安全科学使用农药图解

模块五

科学施用农药

学习目标

通过学习了解科学施药的常识和基本做法，了解常用植保机械的安全使用及其相应的施药技术；了解提高施药质量的措施。

一、农药的配置

除少数可以直接使用的农药制剂以外，一般农药在使用前都要经过配制才能施用。农药的配制就是把商品农药配制成可以施用的状态。农药配制一般要经过农药和配料取用量的计算、量取、混合几个步骤。

（一）计算农药用量，合理对水

农药制剂取用量要根据其制剂有效成分的百分含量、单位面积的有效成分用量和施药面积来计算。商品农药的标签和说明书中一般均标明了制剂的有效成分含量、单位面积上有效成分用量，有的还标明了制剂用量或稀释倍数。所以，要准确计算农药制剂和配料用量，首先要仔细、认真阅读农药标签和说明书。

如果农药标签或说明书上已注有单位面积上的农药制剂用量，可以用下式计算农药制剂用量：

$$\underset{[\text{毫升（克）}]}{\text{农药制剂用量}} = \underset{[\text{毫升（克）/亩}]}{\text{单位面积农药制剂用量}} \times \underset{(\text{亩})}{\text{施药面积}}$$

如果农药标签上只有单位面积上的有效成分用量，其制剂量可以用下式计算：

$$\frac{\text{农药制剂用量}}{[\text{毫升（克）}]} = \frac{\text{单位面积有效成分用量［克/亩］} \times \text{施药面积（亩）}}{\text{制剂中有效成分百分含量（\%）}}$$

如果已知农药制剂要稀释的倍数，可通过下式计算农药制剂用量：

$$\text{农药制剂用量［毫升（克）］} = \frac{\text{要配制的药液量或喷雾器容量（毫升）}}{\text{稀释倍数}}$$

（二）安全、准确配制药液

计算出制剂取用量和配料用量后，要严格按照计算的结果量取或称取。液体药要用有刻度的量具量取，固体药要用秤称取。量取好药和配料后，要在专用的容器里混匀。混匀时，要用工具搅拌。由于配制农药时引起中毒的危险性大，所以在配制时要注意安全。为了准确、安全地进行农药配制，应注意以下几点：

不能用瓶盖倒药或用饮水桶配药；不能用盛药水桶直接在沟河取水；在开启农药包装、称量配制时，操作人员应戴用必要的防护器具；配制人员必须经专业培训，掌握必要技术和熟悉所用农药性能；孕妇、哺乳期妇女不能参与配药；农药称量、配制应根据药品性质和用量进行，防止溅洒、散落；配制农药应在离住宅区、牲畜栏和水源远的场所进行，药剂随配随用，已配好的应尽可能采取密封措施，开装后余下的农药应封闭在原包装内，不得转移到其他包装中（如喝水用的瓶子或盛食品的包装）；配药器械一般要求专用，每次用后要洗净，不得在河流、小溪、井边冲洗；少数剩余和不要的农药应埋入地坑中；处理粉剂和可湿性粉剂时要小心，防止粉尘飞扬。如果要倒完整袋可湿性粉剂农药，应将口袋开口处尽量接近水面，站在上风处，让粉尘和飞扬物随风吹走；喷雾器不要装得太满，以免药液泄漏。

二、喷雾技术基本原理

（一）喷雾技术的概念与分类

用喷雾机具将液态农药喷洒成雾状分散体系的施药方法称为喷雾技术。喷雾技术是防治农、林、牧有害生物最重要的施药方法之一，也可以用于卫生消毒等。为了方便使用，绝大部分农药有效成分均加工为可对水喷雾的剂型，如乳油、水剂、可湿性粉剂、悬浮剂、微乳剂等。

喷雾技术是在19世纪用笤帚、刷子泼洒药液的基础上发展起来的，需要专用的喷雾机具进行喷雾。农药喷雾技术的分类方法很多，根据喷雾机具、作业方式、施药液量、雾化程度、雾滴运动特性等参数，喷雾技术可以分为各种各样的喷雾方法。

在农药使用技术中，单位面积（每公顷）所需要的喷洒药液量称为施药液量或施液量，用“升/公顷”表示。施药液量是植保机具进行田间作业时的一项重要技术指标，包括沉积在田间作物上的药液量，以及不可避免的药液损失量。

在农药喷雾技术中，水在某种程度主要起着农药分散载体的作用，施药液量的多少并不能决定农药有效成分向靶标生物传递的效率，因此施药液量越大，并非药剂有效成分沉积到靶标上越多，而实际情况有时恰恰相反。几十年来，我国各地普遍习惯使用高容量喷雾方法，以为喷雾过程中喷出的药液越多越好，把本来中容量或低容量喷雾的小喷片，故意钻成大孔径，影响了作业质量和作业效率。

1. 根据施药液量可分为：

（1）高容量喷雾法。每公顷施药液量在 600 升以上（大田作物）或 1 000 升以上（树木或灌木林）的喷雾方法称为高容量喷雾法，也称为常规喷雾法、传统喷雾法。高容量喷雾方法的雾滴粗大，所以也称为粗喷雾法。高容量喷雾法田间作业时，粗大的农药雾滴在作物靶标叶片上极易发生液滴聚并，引起药液损失。在我国大容量喷雾法是应用最普遍的方法。

（2）中容量喷雾法。每公顷施药液量为 200～600 升（大田作物）或 500～1 000升（树木或灌木林）的喷雾方法称为中容量喷雾法。中容量喷雾法田间作业时，农药雾滴在作物靶标叶片也会发生重复沉积，引起药液损失，但损失现象比高容量喷雾法轻。

（3）低容量喷雾法。每公顷施药液量为 50～200 升（大田作物）或 200～500 升（树木或灌木林）的喷雾方法称为低容量喷雾法。低容量喷雾法雾滴细、施药液量小、工效高、药液损失少、农药利用率高。对于机械施药而言，可以通过调节药液流量调节阀、机械行走速度和喷头组合等实施低容量喷雾作业；对于手动喷雾器，可以通过更换小孔径喷片等措施来实施低容量喷雾。另外，采用双流体雾化技术，也可以实施低容量喷雾作业。

（4）很低容量喷雾法。每公顷施药液量为 5～50 升（大田作物）或 50～200 升（树木或灌木林）的喷雾方法称为很低容量喷雾法。很低容量喷雾法和低容量喷雾法之间并不存在绝对的界线。很低容量喷雾法工效高、药液损失少、农药利用率高，但容易发生雾滴飘移。其雾化原理有液力式雾化，可以通过更换喷洒部件实现；也有低速离心式雾化；还有双流体雾化。

（5）超低容量喷雾法。每公顷施药液量在 5 升以下（大田作物）或 50 升（树木或灌木林）以下的喷雾方法称为超低容量喷雾法，雾滴直径小于 100 皮米，属细雾喷洒法。其雾化原理采取离心雾化法或称转碟雾化法，雾滴直径取决于圆盘（或圆杯等）的转速和药液流量，转速越快雾滴越细。超低容量喷雾法的施药液量极少，必须采取飘移喷雾法。由于超低容量喷雾法雾滴细小，容易受气流的影响，因此施药地块的布置以及喷雾作业的行走路线、喷头高度和喷幅的重叠都必须严格设计。

实际上喷雾过程中的施药液量很难绝对划分清楚，低容量（很低容量、超低容量）喷雾法统称为细喷雾法。

2. 根据喷雾方式可分为：

（1）飘移喷雾法。利用风力把雾滴分散、飘移、穿透、沉积在靶标上的喷雾方法称为飘移喷雾法（图 5－1）。飘移喷雾法的雾滴按大小顺序沉降，距离喷头近处飘落的雾滴多而大，远处飘落的雾滴少而小。雾滴越小，飘移越远，据测定直径为 10 微米的雾滴，飘移可达千米之远。而喷药时的工作幅宽不可能这么宽，每个工作幅宽内降落的雾滴是多个单程喷洒雾滴沉积累积的结果，所以飘移喷雾法又称飘移累积喷雾法。飘移喷雾法可以有比较宽的工作幅度和较高的工作效率，其缺点是喷施的小雾滴容易被自然风吹离至目标区域以外。

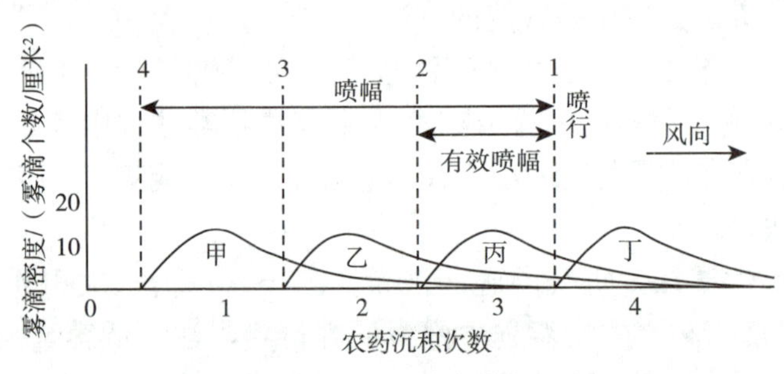

图 5－1　飘移喷雾法

（2）定向喷雾法。喷出的雾流具有明确方向性的喷雾法。实现定向性喷雾可以采取如下措施：①调整喷头的角度，使喷出的雾流针对农作物而运动，手动或机动喷雾机利用这一方法进行定向喷雾；②强制性的定向沉积，利用适当的遮挡材料把作物或杂草覆盖起来而在覆盖物下面喷雾，使雾滴直接沉积到下面的杂草或作物上（图 5－2）。

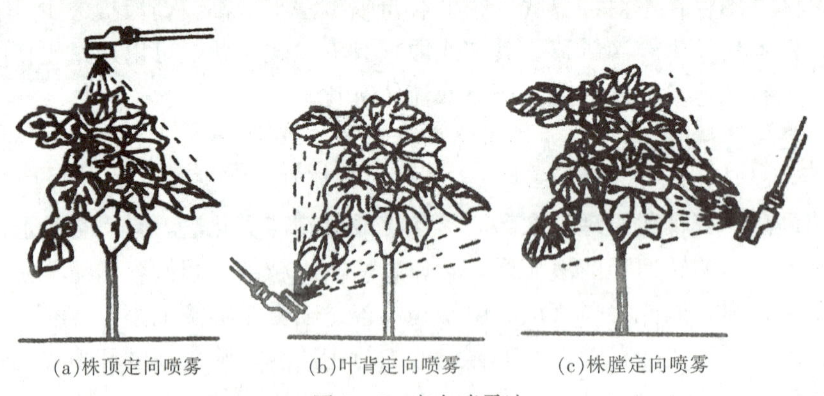

图 5－2　定向喷雾法

(3) 针对性喷雾法。针对性喷雾是定向喷雾的一种，即通过配置喷头和调整喷雾角度，使雾滴沉积分布到作物的特定部位（图 5－3）。

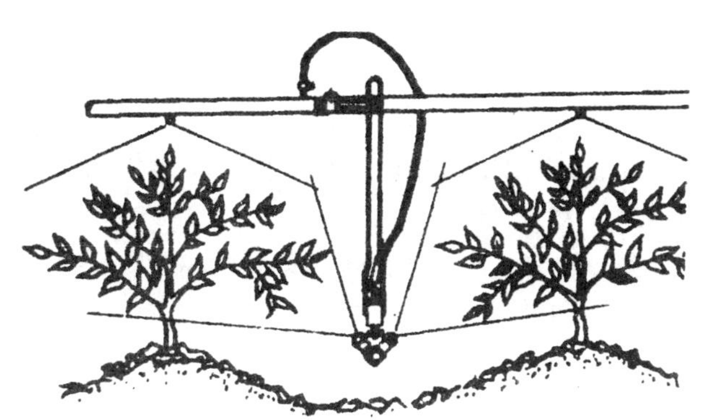

图 5－3 针对性喷雾法

(4) 置换喷雾法。对株冠层大而浓密的果园喷雾，雾滴很难直接沉积到冠层内部的叶片上，利用风机产生的强大气流裹挟雾滴进入冠层内，置换株冠层内原有空气而使雾滴沉积在株冠层内的喷雾法。农药沉积分布均匀，农药有效利用率高，可以实现低容量喷雾，省工省时，但必须通过风送式果园喷雾机实现。

(5) 泡沫喷雾法。使药液形成泡沫状雾流喷向靶标的喷雾方法。泡沫雾流扩散范围窄，飘移少，对邻近作物及环境的影响较小，沉积附着及防治效果好。可用于需要控制雾滴扩散范围的场合，如间作套种作物，庭院花卉病虫害防治。作业时需要采用特制喷头，并且在药液中预先混入一种在空气作用下能强烈发泡的发泡剂，喷头离作物顶部有一定距离（30～50 厘米）。喷雾时应顺风顺行喷雾。

(6) 静电喷雾法。通过高压静电发生装置使雾滴带电喷施的喷雾方法。静电喷雾法的工作原理可分为药液液丝充电、带电后雾滴碎裂和带电雾滴在靶标表面沉积 3 部分。带电雾滴与不带电雾滴在作物表面上的沉积有显著差异。由于静电作用，带电雾滴在一定距离内对生物靶标产生撞击沉积效应，并可在静电引力的作用下沉积到叶片背面，将农药有效利用率提高到 90%以上，节省农药，并消除了雾滴飘移，减少对环境的污染。静电喷雾作业受天气的影响相对较小，夜晚和白天均可进行喷雾，适用于有导电性的各种农药制剂。但是静电喷雾器需要有产生直流高压电的发生装置，由于机器的结构比较复杂，成本比较高；而且，静电喷雾需要静电喷雾机和专用的油剂，带电雾滴对高郁闭度作物株冠层的穿透力较差。

(7) 循环喷雾法。利用药液回收装置，将喷雾时没有沉积在靶标上的药液循环利用的喷雾技术。用于节省农药，减轻环境污染。其工作原理是在喷洒部件的对面加装单个或多个药雾回收（或回吸）装置，回收的药液聚集在单个或多个集液槽内，经过滤后再输送返回药液箱。

循环喷雾在果园风送液力喷雾上发展比较成熟，已经有多种样机在生产上使用。循环喷雾法需要的喷雾机具复杂，造价高。

（8）精准喷雾法。利用现代信息识别技术确定有害生物靶标的位置，通过控制技术把农药准确地喷洒到靶标上的喷雾技术。精准喷雾技术可通过以下两种方法实现：①全球定位系统（GPS）和地理信息系统（GIS）的应用，施药者能准确确定喷杆喷雾机在田间的位置，保证喷幅间衔接，避免重喷、漏喷；②基于计算机图像识别系统采集和分析计算杂草特征，根据有害生物靶标的有无控制喷头的开关，做到定点喷雾。

（二）雾化的基本原理

将液体分散到气体中形成雾状分散体系的过程称为雾化。雾化效果的好坏一般用雾滴大小表示。雾化是农药科学使用最为普遍的一种操作过程，通过雾化可以使喷施的药液在靶体上达到较高的分散度，从而保证药效的发挥。根据分散药液的原动力，农药的雾化主要有液力式雾化、气力式雾化（双流体雾化）、离心式雾化 3 种（图 5－4）。

1. 液力式雾化 药液受压后通过特殊构造的喷头和喷嘴而分散成雾滴喷射出去的方法，这种喷头称为液力式喷头。其工作原理是药液受压后生成液膜，液膜与空气发生撞击后破裂成为细小雾滴。液力式雾化法是高容量和中容量喷雾所采用的喷雾方法，是农药使用中最常用的方法，操作简便，雾滴直径大，雾滴飘移少，适合于各类农药。最常使用的“工农－16 型”喷雾器、大田喷杆喷雾机等都是采用液力式雾化原理。

2. 气力式雾化 利用高速气流对药液的拉伸作用而使药液分散雾化的方法，因为空气和药液都是流体，因此也称为双流体雾化法。这种雾化原理能产生细而均匀的雾滴，在气流压力波动的情况下雾滴细度变化不大。手动吹雾器、背负式机动弥雾机、常温烟雾机都是采用的这种雾化原理。

3. 离心式雾化 利用圆盘（或圆杯）高速旋转时产生的离心力，使药液以一定细度的液滴飞离圆盘边缘而成为雾滴，其雾化原理是药液在离心力的作用下脱离转盘边缘而延伸成为液丝，液丝断裂后形成细雾，所以此法称为液丝断裂法。这种雾化方法的雾滴细度取决于转盘的旋转速度和药液的滴加速度，转速越高、药液滴加速度越慢，则雾化越细。

(a)液力式雾化

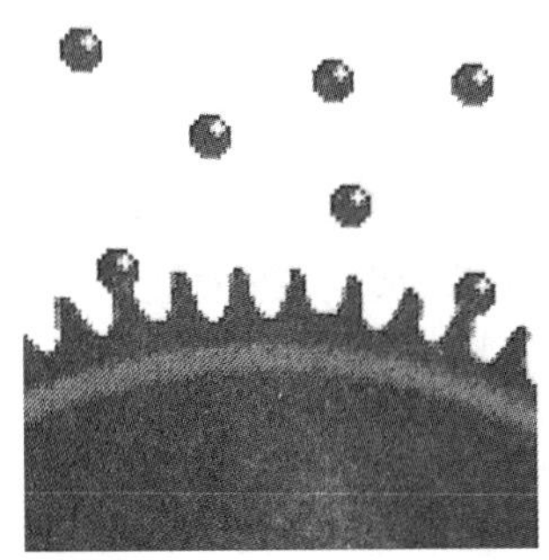
(b)离心式雾化

图 5-4　农药雾化原理

（三）农药利用率

农药利用率是指单位面积内沉积在靶标上的农药量占所使用农药总量的比例。一般意义上，将整个大田作物视为靶标，农药沉积在作物上的部分，就认为是有效量。农药在喷洒过程中有三个去向，一是沉积分布在靶标（作物）上；二是随气流飘失到空气中，以细小雾滴为主，占20%左右；三是未命中靶标而损失或因雾滴累积而从靶标（作物）上滚落到地面，占50%左右。

影响农药利用率的因素很多，作物方面的因素有生育期、叶片的形状、质地和角度；农药药液方面的因素主要是湿展能力和渗透能力；气候方面的因素主要是风向、气流和温湿度。从作物生育期方面来看，农药利用率一般在苗期较低，为15%左右，后期随着叶面积指数的扩大而提高，最多可到50%左右。从不同作物方面来说，禾本科作物如小麦、水稻以及叶面蜡质层较厚的作物如苹果、柑橘等农药利用率较低，阔叶作物如棉花、油菜等农药利用率较高。

而最重要的农药利用率影响因素是施药机械的质量，包括雾化效果、雾滴大小和均匀度等；施药者的施药技术，包括喷洒方式和施药液量等。这两个方面是人为可控因素，成为提高农药利用率的关键。从施药机械方面来说，我国手动喷雾器承担了近60%的防治任务，其农药利用率一般在20%～40%；背负式机动弥雾机的农药利用率一般在30%～50%；而在果园大量使用的担架式机动喷雾机和踏板式喷雾器，由于使用喷枪喷洒而非喷雾，其农药利用率不到15%。我国目前农药利用率，是针对不同作物、不同生育期、不同药械的总体平均水平而言。近几年，随着喷杆喷雾机和植保无人机的迅速发展，加上专业化统防统治覆盖率的逐步提高，我国农药利用率整体水平明显提高，已达到38.8%。

农药学科和植保学科的研究和发展说明，农药的使用并不是一个简单的选择农药和药量的药物学问题，而是涉及农药制剂、农药行为、生物行为、施药机械、作物生态、气象因素等多方面和多学科的一门系统工程。通过对农药雾滴运动特性、沉积分布状态以及害虫行为同农药雾滴运动和沉积分布关系的深入了解，人们清醒地认识到通过提高施药机械质量，改进施药技术，提高农药利用率是解决防治效果差、农药污染严重最经济的重要手段，成为减轻农药负面影响，节本增效，保护农业生态环境，保障无公害农产品生产的重要途径。

发达国家的发展历程也为我们提供了很好的借鉴。近几十年来，国际农药使用技术迅速发展，由传统的高容量、低浓度喷雾法向低容量、高浓度喷雾法发展，喷洒农药正向着精密、微量、高浓度、强对靶性方向发展。为了减少环境污染，大量应用低容量（LV）、超低容量（ULV）、控滴喷雾（CDA）、循环喷雾（RS）、防飘喷雾（AS）、气流辅助喷雾等一系列新技术、新机具，施药量大大降低，农药利用率和工效大幅度提高，利用率总体水平在60%左右。20世纪60～70年代，发达国家的技术人员已开展了广泛、深入的施药技术研究，证实了减少田间施药液量，是提高农药利用率最经济有效的措施。作物叶片表面能够附着的农药雾滴大小和承载的药液量是有限度的，当喷洒量超过一定限度时，叶片上的细小雾滴会凝聚成大雾滴而滚落、损失，使叶片上附着的农药量急剧降低。于是他们开始由大容量喷雾向低容量喷雾转变，普遍推行的施药液量是，喷杆喷雾机150～300升/公顷；风送弥雾机100～150升/公顷，大大降低了药液损失量，从而提高农药利用率。此后，随着循环喷雾、防飘喷雾、药辊涂抹技术、气流辅助喷雾等技术的成熟和广泛应用，在减少雾滴的飘失方面已取得重大成效。如循环式喷雾机的农药利用率可达90%以上；通过在大型喷杆喷雾机上加装气囊，使用气流辅助喷雾可减少农药飘失量70%以上；新型射流防飘喷头，可减少农药飘失量90%。

三、常用药械的使用技术

（一）药械的检查和调整

1. 检查 施药作业前，需要检查施药器械的压力部件、控制部件等，例如喷雾器（机）开关能否自如扳动，药液箱盖上的进气孔是否畅通等，保证器械能够满足施药作业的需要。

2. 校准 在喷雾作业开始前、喷雾机具检修后、拖拉机更换车轮后或者安装新的喷头时，都应该对喷雾机具进行校准。影响喷雾机校准的因子主要有行走速度、喷幅以及药液流量。喷雾作业校准应遵循以下步骤：

（1）确定施药液量。农田病虫草害的防治，每公顷所需用农药量（有效成分，克）是确定的，但由于选用施药机具和雾化方法不同，所需用水量变化很大。应根据不同喷雾机具及施药方法和该方法的技术规定来决定田间施药液量（升/公顷）。

（2）计算行走速度。施药作业前，应根据实际作业情况首先测定喷头流量 Q，并确定机具有效喷幅 B，然后计算行走速度 V

$$V=\frac{Q}{q\times B}\times 10^4$$

式中 V——行走速度，米/分钟；

Q——喷头流量，升/分钟；

q——农艺上要求的施药液量，升/公顷；

B——喷雾时的有效喷幅，米。

若计算的行走速度过高或过低，实际作业有困难时，可适当改变施液量，或更换喷头来调整作业速度。

（3）校核施药液量。药箱内装入额定容量的清水，以上面的行走速度（V）前进作业，测定喷完一箱清水时的行走距离 L，重复 3 次，取平均值。按下式校核施药液量：

$$q'=\frac{G}{B\times L}\times 10^4$$

式中 q'——实际施药液量，升/公顷；

G——药箱额定容量，升；

B——喷雾时的有效喷幅，米；

L——喷完一箱水的行进距离，米。

q'应满足下式，并保证用药量（农药有效成分）不变。

$$\frac{q'-q}{q}\times 100\%\leqslant\pm 10\%$$

（4）计算出作业田块需要的用药量和加水量。首先应确定所需处理农田的面积（公顷计）。然后，根据所校验的田间施药液量 q'（升/公顷），确定所需处理农田面积的实际施药液量 q''（升/处理田块面积）。根据农药说明书或植保手册，确定所选农药的用药量（有效成分，克/公顷），根据所需处理的实际农田面积，准确计算出实际需用农药量 w（有效成分，克/处理田块面积）。对于小块农田，施药液量不超过 1 药箱的情况下可直接一次性配完药水。若田块面积较大，施药液量超过 1 药箱时，则可以以药箱为单位来配制药水：

将上述实际施药液量 q''（升/处理田块面积）除以喷雾器药箱的额定装载容

积（G），得到处理田块时所需的药箱数（N），以及每1药箱中应加入的农药量（w/N）。这时药箱中的加水量为额定装载容量；而每1药箱中应加入的农药量为 w/N。

凡是需要称重计量的农药，可以在安全场所预先分装。即把每一药箱所需用的农药预先称好，分成多份，带到田间备用。然后，田间作业时，只要记住往每1药箱加1份药即可，不至于出错，也比较安全，以免田间风造成粉末状药剂（如可湿性粉剂）的飘失。

（二）常用药械的使用注意事项

1. 使用手动喷雾器注意事项

（1）施药人员使用背负手动喷雾器喷雾作业时，应先数次扳动摇杆，使气室内的气压达到工作压力后再打开开关，边走边打气边喷雾。如扳动摇杆时感到沉重，就不能过分用力扳动，以免气室爆炸。对于老式喷雾器（如“工农-16型”等），一般每走2～3步，上下扳动摇杆1次；每分钟扳动摇杆18～25次即可。新型卫士牌喷雾器（图5-5）使用大容量活塞泵，每分钟扳动摇杆6～8次就可保持正常工作压力喷雾，可以显著降低工作强度，轻松完成喷雾作业。作业时，空气室中的药液超过安全水位时，应立即停止打气，以免气室爆炸。

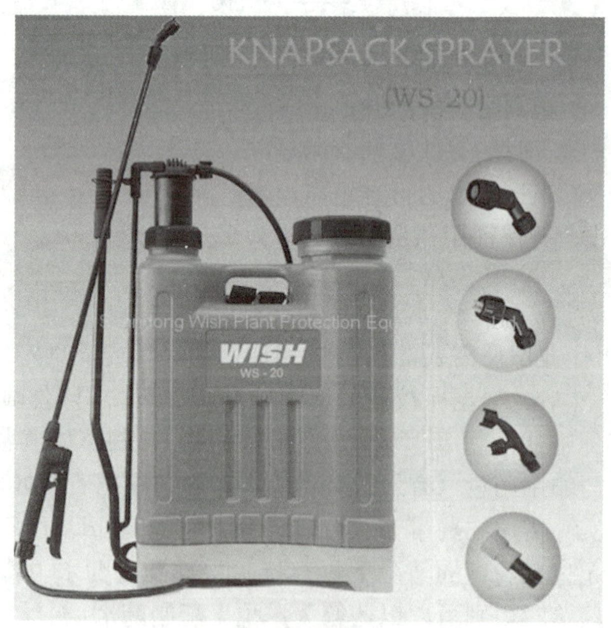

图5-5 手动喷雾器（山东卫士）

（2）施药人员在使用压缩式喷雾器作业时，药液不能超过规定的水位线，以保证有足够的空间储存压缩空气，以便使喷雾压力稳定、均匀。没有安全阀的压缩喷雾器，一定要按产品使用说明书上规定的打气次数打气（一般30～40次），禁止加长杠杆打气和两人合力打气，以免药液桶超压爆破。压缩喷雾器使用过程中，药箱内压力会不断下降，当喷头雾化质量下降时，要暂停喷雾，重新打气充压，以保证良好的雾化质量。

（3）用手动喷雾器往作常量喷雾时应进行针对性喷雾，作低容量喷雾时既可飘移性喷雾，也可针对性喷雾。应针对不同作物、不同病虫草害和农药，选用不同的喷雾方法。应改变目前常见的沿行进方向左右双侧“Z”字形交叉喷雾习惯，提倡顺风单侧“Z”字形喷雾，保证施药人员所在的区域是无药区。

（4）用手动喷雾器往土壤喷洒除草剂时，要求除草剂在田间沉积分布要均匀，避免局部地块药量过大造成除草剂药害，并且易于飘失的细小雾滴要少，避免雾滴飘失造成邻近敏感作物药害。因此，喷洒除草剂应采用扇形雾喷头。喷雾时要求控制喷头距离地面高度保持一致，手持喷杆于身体一侧，行走路线也要保持一致；平行推进喷雾，避免喷头摆动。有条件时，也可用安装双喷头、三喷头或四喷头的小喷杆喷雾。应尽量避免用空心圆锥雾喷头喷洒除草剂。

（5）当用手动喷雾器防治作物病虫害时，最好选用小喷孔片，切不可人为把喷孔改大。因为小喷孔片喷头产生的农药雾滴较大喷孔片的雾滴细，有利于提高防治效果。

（6）使用手动喷雾器喷洒触杀性杀虫剂以防治栖息在作物叶片背面的害虫（例如棉花苗蚜）时，应将喷头向上，采用叶背定向喷雾方法。

（7）使用手动喷雾器喷洒保护性杀菌剂，应在植物未被病原菌侵染前或侵染初期施药，要求雾滴在植物靶标上沉积分布均匀，并有一定的雾滴覆盖密度。

（8）使用手动喷雾器行间喷洒除草剂时，一定要配置喷头防护罩，对靶作业，防止雾滴飘移造成邻近作物药害；喷雾时喷头高度要保持一致，力求药剂沉积分布均匀，不得重喷和漏喷。

2. 使用背负式机动喷雾机的注意事项 背负式机动喷雾机使用比较复杂，作业人员一定要仔细阅读使用说明，最好经过机具生产厂家的技术培训。该机适合作低容量喷雾，宜采用飘移叠加喷雾的方式施药，不可近距离对着作物植株喷雾。应避免将喷头对准作物的直接喷洒，以及沿行进方向左右“Z”字形喷雾的错误施药方法，应充分利用有效喷幅（一般4米左右），进行叠加喷雾，提高工效和防治效果。具体操作过程如下：

（1）机器启动前，药液开关应停在半闭位置。调整油门开关使汽油机高速稳定运转，开启手把开关后，人立即按预定速度和路线前进，严禁停留在一处喷洒，以防引起药害。

（2）行走路线的确定。喷药时行走要匀速，不能忽快忽慢，防止重喷漏喷。行走路线根据风向而定，走向应与风向垂直或成不小于45°的夹角，操作者应从下风口方向开始作业，喷向与风向一致。

（3）喷施时应采用侧向喷洒，即喷药人员背机前进时，手提喷管向一侧喷洒，1个喷幅接1个喷幅向上风方向移动（图5－6），使喷幅之间相连接区段的雾滴沉积有一定程度的重叠。操作时还应将喷口稍微向上仰起，并距离作物20～30厘米。离喷口较近的区域雾滴沉积较少，但在进行下1个喷幅时，会有足够的叠加沉积。

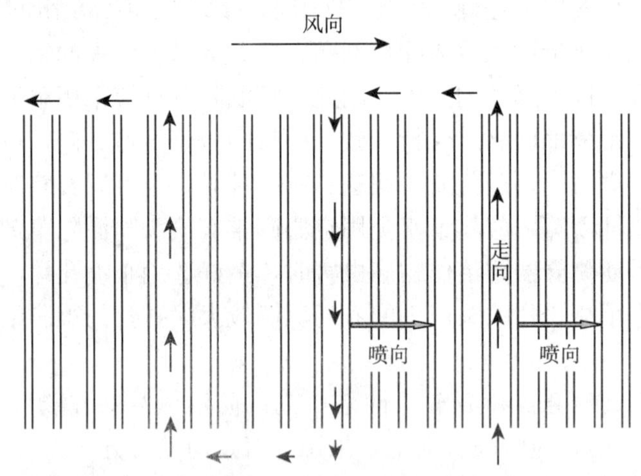

图5－6　背负式机动喷雾机田间喷雾作业示意

（4）当喷完第1喷幅时，先关闭药液开关，减小油门，向上风向移动，行至第2喷幅时再加大油门，打开药液开关继续喷药。

（5）防治棉花伏蚜，应根据棉花长势、结构，分别采取隔2行喷3行或隔3行喷4行的方式喷洒。一般在棉株高0.7米以下时采用隔3喷4，高于0.7米时采用隔2喷3，其有效喷幅为2.1～2.8米。喷洒时把弯管向下，对着棉株中、上部喷，借助风机产生的风力把棉叶吹翻，以提高防治叶背面蚜虫的效果。走1步就左右摆动1次喷管，使喷出的雾滴呈多次扇形累积沉积，提高雾滴覆盖均匀度。

（6）对灌木林丛（如茶树）喷药，可把喷管的弯管口朝下，防止雾滴向上飞散。

（7）对较高的果树和其他林木喷药，可把弯管口朝上，使喷管与地保持60°～70°的夹角，在田间有上升气流时喷洒。

（8）喷雾时雾滴直径125微米左右，肉眼不易观察到雾滴，一般情况下，只要作物枝叶被喷管吹动，雾滴就接触了作物。不要因为看不见雾滴而加大喷雾量。将作物打湿，甚至造成药液流淌，不仅会造成农药浪费，工效降低，而且加重环境污染，防治效果也不理想。

（9）除用行进速度来调节施液量外，转动药液开关角度或选用不同的喷量档位也可调节喷量大小。

（10）背负式机动喷雾机（图5－7）适宜采用低容量喷雾方法，施药液量控制在150升/公顷（10升/亩）以下，避免喷雾机喷头直接对着作物喷雾，以免造成药液从作物叶片上损失。

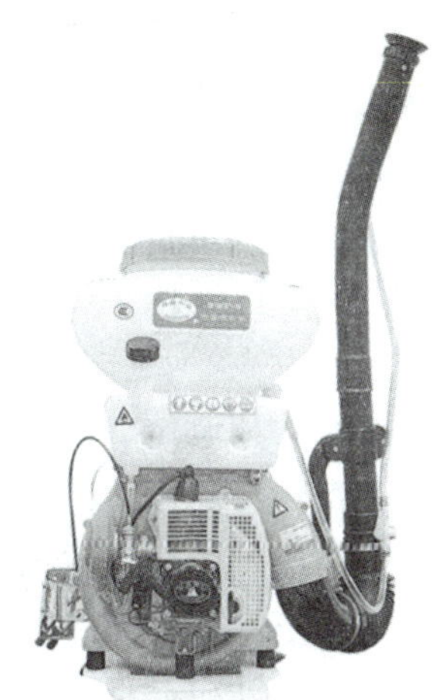

图5－7　背负式机动喷雾机（山东华盛）

3. 使用担架式液泵喷雾机注意事项　不建议使用农药母液与吸水泵头分置的喷药方式，这种混药方式是根据孔径和流速控制的，容易造成喷出的药液浓度忽大忽小，难以均匀一致。应该在固定容器中，按照单位面积的使用量，将农药配制成相应浓度的药液，将吸水泵头放入其中，进行喷药。以“工农－36型”喷雾机（图5－8）为例说明如下：

图5－8　担架式液泵喷雾机

（1）机具组装。按说明书的规定将机具组装好，保证各部件位置正确、螺栓紧固，皮带及皮带轮运转灵活，皮带松紧适度，防护罩安装好，将胶管夹环装上胶管定块。

（2）加油。按说明书规定的牌号向曲轴箱内加入润滑油至规定的油位。每次使用前及使用中都要检查，并按规定对汽油机或柴油机检查及添加润滑油。

（3）正确选用喷洒及吸水滤网部件。

①对于水稻或邻近水源的高大作物、树木，可在截止阀前装混药器，再依次装上直径 13 毫米喷雾胶管及远程喷枪。田块较大或水源较远时，可再接长胶管 1～2 根。从水田里吸水时，吸水滤网上要有插杆。

②对于施液量较少的作物，在截止阀前装上三通（不装混药器）及两根直径 8 毫米喷雾胶管及喷杆、多头喷头。从药桶内吸药液时，吸水滤网上不要装插杆。

（4）启动和调试。

①检查吸水滤网，滤网必须沉没于水中。

②将调压阀的调压轮按逆时针方向调节到压力较低的位置，再把调压柄按顺时针方向扳至卸压位置。

③启动发动机，低速运转 10～15 分钟，若有水喷出，并且无异常声响，可逐渐提高至额定转速。然后将调压手柄向逆时针方向扳至加压位置，并按顺时针方向逐步旋紧调轮调高压力，使压力指示器指示到要求的工作压力。

④调压时应由低向高调整压力。因由低向高调整时指示的数值较准确，由高向低调时指示值误差较大。可利用调压阀上的调压手柄反复扳动几次，即能指示出准确的压力。

⑤用清水进行试喷。观察各接头处有无渗漏现象，喷雾状况是否良好，混药器有无吸力。

⑥混药器只有在使用远程喷枪时才能配套使用。如准备使用混药器，应先进行调试。使用混药器时，要待液泵的流量正常，吸药滤网处有吸力时，才能把吸药滤网放入事先稀释好的母液桶内进行工作。对于可湿性粉剂，母液的稀释倍数不能大于 1∶4（即 1 千克农药加水不少于 4 千克）。母液应经常搅拌，以免沉淀，最好把吸药滤网缚在一根搅拌棒上，搅拌时，吸药滤网也在母液中游动，可以减少滤网的堵塞。

（5）田间使用操作。注意不可脱水运转液泵，以免损坏胶碗。在启动和转移机具时尤需注意。

机具转移生产地点的路途不长时（时间不超过 15 分钟）可按下述操作，不停车转移：

①降低发动机转速，怠速运转。

②把调压阀的调压手柄往顺时针方向扳足（卸压），关闭截止阀，然后才能将吸水滤网从水中取出，这样可保持部分液体在泵体内部循环，胶碗仍能得到液体润滑。

③转移完毕后立即将吸水滤网放入水源，然后旋开截止阀，并迅速将调压手柄往逆时针方向扳足至升压位置，将发动机转速调至正常工作状态，恢复田间喷药状态。

喷枪喷药时不可直接对准作物，以免损伤作物，也不利于药液沉积。喷近处时，应按下扩散片，以便喷洒均匀。对高树喷射时，操作人员应站在树冠外，向上斜喷，注意喷洒均匀。当停止喷雾时，必须在液泵压力降低后（可用调压手柄卸压），才可关闭截止阀，以免损坏机具。

喷雾操作人员应穿戴必要的防护用具，特别是掌握喷枪或喷杆的操作人员。喷洒时应注意风向，顺风喷洒。

作业时必须严格遵守各项安全操作规程，每次开机或停机前，应将调压手柄置在卸压位置。

4. 使用喷杆喷雾机的注意事项 喷杆喷雾机主要有牵引式、悬挂式和自走式。由于我国的种植规模小，难以给喷雾机留作业行，牵引式和悬挂式喷杆喷雾机下田作业困难，因此，高地隙的自走式喷杆喷雾机发展迅速（图 5－9）。但是喷杆喷雾机在使用过程中，出现作业速度计算不准、喷头堵塞、喷头角度调整不当等众多问题，造成漏喷、重喷、喷洒不匀等不良后果，影响了农药的喷洒效果。

图 5－9 自走式喷杆喷雾机（赵清 摄）

（1）喷头的选用和安装。喷杆式喷雾机喷洒除草剂时，应选用110系列狭缝式刚玉瓷喷头。喷头的安装（图5-10）应使其狭缝与喷杆倾斜5°～15°；喷杆上喷头间距为0.5米。若选用不同喷雾角的扇形雾喷头或喷头间距时，喷头离地高度应符合表5-1的规定。进行苗带喷雾时，应选用60系列狭缝式刚玉瓷喷头。喷头安装间距和作业时离地高度可由作物行距和高度来决定。

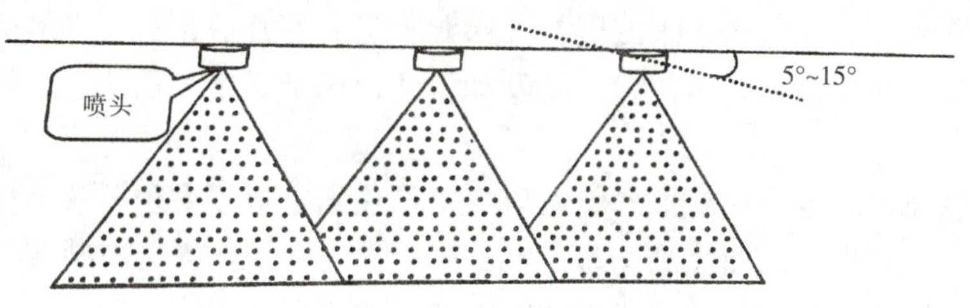

图5-10　喷杆喷雾机的喷头安装

表5-1　选用不同喷雾角度的扇形雾喷头和喷头间距时，喷头离地高度

喷头喷雾角	喷头间距（厘米）	喷头离地高度（厘米）
65°	46	51
	50	56
	60	66
	75	83
85°	46	38
	50	46
	60	50
	75	63
110°	46	45
	50	50
	60	56
	75	86

（2）喷杆喷雾作业的程序。

①检查灯光、喇叭、刹车和紧急制动等功能，保证喷杆处于折叠状态，且被托架固定，以免刮伤行人。操作机具前需鸣笛警示，作业过程中，不得走出驾驶室，且严禁其他人员攀爬、站立在机器上。

②操作人员要具备安全防范意识，作业前带好防护装备，检查控制按钮并掌握操作规程。操作中严禁吸烟、饮水和饮食，其他人员不要站在喷杆摆动的范围

内，以防发生农药中毒。操作人员在工作中如发生头痛、头昏、恶心等中毒现象，应止即停止作业，请医务人员治疗。

③有自动加水功能的机具应先在药液箱中加少量清水，再按使用说明书要求启动机器加水，与此同时将农药按一定比例倒入药液箱（无自动加水功能的机具应先加水再加农药）。对于乳油和可湿性粉剂农药，应先在小容器内加水混合成乳剂或糊状，然后倒入药液箱。

④启动前，将液泵调压手柄按顺时针方向推至卸压位置，然后逐渐加大拖拉机油门至液泵额定转速，再将液泵调压手柄按逆时针方向推至加压位置，将泵压调至额定工作压力，打开截止阀开始工作。

⑤喷杆式喷雾机和气流辅助式喷杆喷雾机喷除草剂，作土壤处理时，喷头离地高度为 0.5 米。喷杀虫剂、杀菌剂和生长调节剂时，喷头离作物高度为 0.3 米。无划行器的喷杆喷雾机喷除草剂时，应在田间设立喷幅标志，以免重喷或漏喷。

⑥作业时，驾驶员必须保持机具的速度和方向稳定，不能忽快忽慢或偏离行走路线。一旦发现喷头堵塞、泄漏或其他故障，应及时停机排除故障。

⑦喷雾时，应根据风向调整行车路线，即行车路线要略偏向上风方向。一般来说，1～2 级风应偏 0.5 米左右；3～4 级风应偏 1 米左右；4 级风以上应停止喷雾。

⑧停机时，应先将液泵调压手柄按顺时针方向推至卸压位置，然后关闭截止阀停机。作业中出现故障，需要停车熄火，关闭药液分配阀等，再进行检查。在未熄火的状态下，不得进入机械底部进行检查、保养、维修等操作。另外，尽量避免急刹车，以免主药箱中的水涌动导致机器不稳。

⑨田间转移时，应将喷杆收拢并固定好，切断输出轴动力。行进速度不宜太快，以免颠坏机具。悬挂式机具行进速度应不大于 12 千米/小时；牵引式机具行进速度应不大于 20 千米/小时。

（3）喷杆喷雾作业结束后的保养。

①每班次作业后，应在田间用清水仔细清洗药液箱、过滤器、喷头、液泵、管路等部件。清洗方法：药液箱中加入少量清水，启动机具并喷完，反复 1～2 次。

②下一个班次如更换药剂或作物，应注意两种药剂是否会产生化学反应而影响药效或对另一种作物产生伤害。此时，可用浓碱水反复清洗多次，也可用大量清水冲洗后再用 0.2%苏打水或 0.1%活性炭悬浮液浸泡后，再用清水冲洗。

③泵的保养按使用说明书的要求进行。

④防治季节过后，机具长期存放时，应彻底清洗机具并严格清除泵内及管道内的积水，防止冬季冻坏机件。

⑤拆下喷头清洗干净并用专用工具保存，同时将喷杆上的喷头座孔封好，以防杂物、小虫进入。

⑥牵引式喷杆喷雾机应将轮胎充足气，并用垫木将轮子架空。

⑦将机具放在干燥通风机库内，避免露天存放或与农药、酸、碱等腐蚀性物质放在一起。

5. 使用植保无人机的注意事项

（1）人员要求。运营人指定的一个或多个作业负责人，应当持有民用无人机驾驶员合格证并具有相应等级，同时接受相关知识和技术的培训或者具备相应的经验。①理论知识：开始作业飞行前应当完成的工作步骤，包括作业区的勘察；安全处理有毒药品的知识及要领和正确处理使用过的有毒药品容器的办法；农药与化学药品对植物、动物和人员的影响和作用，计划运行中常用的药物以及使用有毒药品时应当采取的预防措施；人体在中毒后的主要症状，应当采取的紧急措施和医疗机构的位置；所用无人机的飞行性能和操作限制，安全飞行和作业程序。②飞行技能：以无人机的最大起飞全重完成起飞、作业线飞行等操作。

（2）作业负责人对实施农林喷洒作业飞行的每个人员实施上述规定的理论培训、技能培训以及考核，并明确其在作业飞行中的任务和职责。

（3）作业负责人对农林喷洒作业飞行负责，其他作业人员应该在作业负责人带领下实施作业任务。

（4）独立喷洒作业人员，或者从事作业高度在 15 米以上的作业人员应持有民用无人机驾驶员合格证。

（5）农用无人机低空作业注意事项。①无人机作业要使用专用高工效药剂。由于药液浓度提高，雾滴变细，选用常规药喷施，会使药害出现的概率加大，包括药液的蒸发、粘附及飘移都会较大地影响防治效果，所以需要专用的飞防药剂。②作业时，远离人群。严禁在人头上乱飞。严禁酒后操作飞机。③操作无人机之前，首先要保证飞机的电池及遥控器的电池有充足的电，然后才能进行相关的操作。④严禁在下雨时飞行。水和水汽会从天线、摇杆等缝隙进入发射机并可能引发飞机失控。严禁在有闪电的天气飞行。⑤一定要保持飞机在自己的视线范围之内飞行，即在视距内飞行。远离高压电线飞行。⑥安装和使用遥控无人机需要专业的知识和技术，不正确的操作将可能导致设备损坏或者人身伤害。⑦如果发生了无人机坠落、碰撞、浸水或其他意外情况，在下次使用前要做好充分的测试。⑧在遥控器电池组的电压较低时，不要飞得太远，每次飞行前都需要检查遥控器和接收机的电池组。不要过分依赖遥控器的低压报警功能，低压报警功能主要提示何时需要充电，没有电的情况下，会直接造成飞机失控。⑨把遥控器放在地面上的时候，注意平放而不要竖放。竖放时遥控器可能会被风吹倒，这就有可能造成油门杆被意外拉高，引起动力系统的运动，从而可能造成人、机伤害。

(6) 农用无人机田间施药技术（图5-11)。

施药前准备：①田块测量。无人机施药不同于传统的施药方式，它采用的是作业人员通过遥控飞机进行作业的人械分离作业方式，且目前多数农用无人机已具备自主飞行作业功能，因此施药前首先要进行田块测量，获取农田的全局地理信息，从而更好地进行无人机航线规划，确定大致施药量，选取最优航线，避免重喷、漏喷等。目前，大多采用手持式GPS定点定位来进行田块测量，获取作业地块的形状、面积等。②病虫草害发生情况与农药选择。要有效地防控病虫草害，必须要了解病虫草害的发生情况，主要包括：诊断病虫草害发生类型、确定严重程度和发生的部位等。目前市场上的农药品种繁多，名称各异，性质不同，用法有别，选择农药时一定要看清农药的使用说明书。根据不同病虫草害及其不同的发生期，防治对象，对作物的安全性，适合收获的安全间隔期，对家畜、有益昆虫和环境的安全性，应有针对性地选择农药，作为作业人员必须要对有关的病虫草害和农药有一定的了解。③气象查看。田间温、湿、雨、露、光照和气流等气象因素复杂多变，这些气象条件不仅会影响航空施药效果，还与农药的安全使用息息相关，因此，在用无人机进行植保喷施作业前一定要查看当地气象，以确定当时的气象是否适合作业，以及在哪个时间段作业最佳。一般应选择晴朗天气作业，露水未干、风力大时均不宜做业，而夏季应在早晚阴凉天气作业。④作业参数确定。航空施药属于精准作业，它需要人工操作飞机进行作业，因此，一定要确定好作业参数（一般包括飞行速度、高度、路线等），规范作业，才能达到效率高、效果好的精准作业要求。⑤药剂配制。科学复配农药可获得事半功倍的效果，农药的配制并不是简单的农药稀释与几种农药的简单混合，要根据病虫草害的发生时期、严重程度等合理配制，而且，有的农药剂型不用稀释就可直接使用，不同农药的理化性质及毒性也各有不同，切忌盲目混配。⑥操作人员注意事项。在配制农药前，配药人员应戴好防护口罩和手套，穿长袖长裤和鞋袜，准备干净的清水以便冲洗手脸，用量器按要求量取药液和药粉，不得随意增加用量、提高浓度。航空施药虽然避免了人与药械的直接接触，但通常采用超低容量喷雾，形成的药液雾滴非常细小，容易随风飘移，因此，作业人员在施药前一定要佩戴防护用品，以防施药时农药雾滴通过口鼻、皮肤进入人体危害健康甚至造成中毒事故。

施药后处理：①安全标记。施药后应在田间插入“禁止人员进入”的警示标记物，一方面避免人员误食喷洒农药后田块的农产品引起中毒事故，另一方面无人机作业效率高、地块大，标记已施药地块可避免重喷、漏喷。②农药包装物及残液的处理。空的农药包装袋或包装瓶应集中收回妥善处理，不可随意丢弃在农田间或直接焚烧，以免形成农田垃圾，造成环境污染。施药后药箱中未喷完的残液应用专用药瓶存放，安全带回，不可直接排放在农田间或农田水渠中，以免造成农田生态系统破坏及水土污染。③机具清理与保养。每次施药后，应在田间全面清洗机具。用少量清水多次清洗药箱，每次加入清水后，把箱中的水通过喷头喷出，这样可以清洗药箱的管路和喷头。无人机作业后不仅要清洗喷洒系统，也应注意对机身的保养。在施药过程中，难免有药液飞溅洒落在机身上，为防止机身、零件被药液腐蚀，在清洗完喷洒系统后，应仔细擦拭机身及暴露在外的零部件，以延长无人机的使用时间。

图 5－11 植保无人机（赵清 摄）

小链接

植保无人机的优势与不足

植保无人机近年发展迅猛，具有高效安全、自动化程度高、适用范围广、不碾压作物、劳动强度低等优势，但也存在喷雾对靶性不好；药液浓度高，易产生药害；雾滴直径小，沉降时间长，易蒸发飘失；受风力、风向影响大，喷雾均匀性不佳等方面不足。对使用技术要求很高，尽量选择飞防专用药剂，如果没有飞防专用药剂，就一定要加防止药液蒸发、加速药液沉降的助剂。不能为了提高作业效率而降低施药液量，在喷洒杀虫剂和杀菌剂时，每亩的施药液量不应小于1升，在喷洒除草剂时施药液量应在2升/亩以上，否则难以保证雾滴分布均匀，难以取得稳定可靠的防效。

（三）药械的保养

每天使用施药器械结束后，应倒出药液桶内残余药液，加入少量清水继续喷洒干净，并用清水清洗各部分。每年防治季节过后，应把施药机具的重点部件（如喷头、药液箱等）用热洗涤剂或弱碱水清洗，再用清水洗干净，晾干后存放。具体要求如下：

1. 施药作业结束后，不能马上把机具放置在仓库中，需要仔细清洗机具和进行保养，以使机具保持良好的工作状态。清洗方法是在药液箱中加入少量清水，启动机具，将清洗液喷到已完成喷雾作业的田块中，不能将清洗液倒入沟渠、地头。

2. 喷雾器（机）喷洒除草剂后，一定要用加有清洗剂的清水彻底清洗干净（至少清洗3遍），避免以后喷洒农药时对敏感作物造成药害。

3. 不锈钢制桶身的喷雾器，用清水清洗完后，应擦干桶内积水，然后打开开关，倒挂于室内干燥阴凉处存放。

4. 器械存放前，要对可能锈蚀的部件涂防锈黄油。

5. 背负式机动喷雾喷粉机进行喷粉作业后，要及时清洗化油器和空气滤清器。

6. 背负式机动喷雾喷粉机的长薄膜管内不得存粉，拆卸之前空机运转1～2分钟，将长薄膜管内的残粉吹净。

7. 背负式机动喷雾喷粉机在长期不用时还要注意定期对汽油机进行保养。

8. 保养后的施药器械应放在干燥通风的库房内，切勿靠近火源，避免露天存放或与农药、酸、碱等腐蚀性物质放在一起。

9. 担架式液泵喷雾机每天作业完后，应在使用压力下，用清水继续喷洒2～5分钟，清洗泵内和管道内的残留药液，防止残留的药液腐蚀机件。

10. 担架式液泵喷雾机作业完后，卸下吸水滤网和喷雾胶管，打开出水开关；将调压阀减压手柄往逆时针方向扳回，旋松调压手轮，使调压弹簧处于自由松弛状态。再用手旋转发动机或液泵，排除泵内存水，并擦洗机组外表污物。

11. 使用担架式液泵喷雾机，应按使用说明书要求，定期更换曲轴箱内机油。遇有因膜片（隔膜泵）或油封等损坏，而造成曲轴箱进水或药液，应及时更换零件，修复好机具并提前更换机油。清洗时应用柴油将曲轴箱清洗干净后，再换入新的机油。

12. 当防治季节工作完毕，担架式液泵喷雾机和喷杆喷雾机长期贮存时，应严格排除泵内及管道内的积水，防止天寒时冻坏机件。喷杆喷雾机应拆下喷头，清洗干净，并用专用工具保存，同时将喷杆上的喷头座孔封好，以防杂物、小虫进入。担架式液泵喷雾机应卸下三角皮带、喷枪、喷雾胶管、喷杆、混药器、吸水滤网等，清洗干净并晾干。能悬挂的最好悬挂起来存放。对于活塞隔膜泵，长时存放时，应将泵腔内机油放净，加入柴油清洗干净，然后取下泵的隔膜和空气室隔膜，清洗干净放置阴凉通风处，防止过早腐蚀、老化。

四、安全施药注意事项

（一）对施药人员的要求

1. 施药人员应身体健康，经过专业技术培训，具有安全用药及安全操作的知识，具备一定的植保知识，严禁儿童、老人、体弱多病者、经期、孕期、哺乳期妇女参与施用农药。

2. 施药人员需要穿着防护服，不得穿短袖上衣和短裤进行施药作业；身体不得有暴露部分；防护服需穿戴舒适，厚实的防护服能吸收较多的药雾而不至于很快进入衣服的内侧，棉质防护服通气性好于塑料服；施药过程中切勿进食、饮水或吸烟。在工作状态严禁旋松或调整任何部件，以免药液突然喷出伤人。施药作业结束后，要用大量清水和肥皂冲洗，换上干净衣服，应尽快把防护服清洗干净并与日常穿戴的衣物分开。

（二）对施药时间的要求

1. **应选择好天气施药**　在刮大风和下雨等气象条件下施用农药，对药效影响很大，不仅污染环境，而且易使喷药人员中毒。刮大风时，药雾随风飘扬，使作物病菌、害虫、杂草表面接触到的药液减少，即使已附着在作物上的药液，也易被吹拂挥发，振动散落，大大降低防治效果；易使药液飘落到施药人员身上，增加中毒机会；如果施用除草剂，易使药液飘移，有可能造成药害。下大雨时，作物上的药液被雨水冲刷，既浪费了农药又降低了药效，且污染环境。应避免在雨天及风力大于 3 级（风速大于 4 米/秒）的条件下施药。

2. **应选择适宜时间施药**　在气温较高时施药，施药人员易发生中毒。由于气温较高，农药挥发量增加，田间空气中农药浓度上升，加之人体散热时皮肤毛细血管扩张，农药经皮肤和呼吸道吸入人体，引起中毒的危险性增加。所以喷雾作业时，应避免夏季中午高温（30℃以上）的条件下施药。夏季高温季节喷施农药，要在上午10时前和下午3时后进行。对光敏感的农药选择在上午10时以前或傍晚施用。施药人员每天喷药时间一般不得超过6小时。

3. 设施内施药注意事项 在温室大棚等设施内施药时，应在傍晚进行，并同时封闭棚室。第2天将棚室通风1小时后人员方可进入。应尽量避免常规大容量喷雾技术，如采用喷雾方法，最好采用低容量喷雾法，如烟雾法、粉尘法、电热熏蒸法等施药技术。如在温室大棚内进行土壤熏蒸消毒，处理期间人员不得进入棚室，以免发生中毒。

案例5－1

施药中毒事故，作物药害事故

2013年7月25日，雷州市沈塘镇平余村育苗基地，因喷洒农药导致1人中毒，事发后，中毒者被紧急送往雷州市雷霞医院抢救，因中毒较重，中毒者于第2日上午死亡。死者名叫黄石（60多岁），遂溪县炮界镇刘土村人。据知情人介绍，25日下午3时，该育苗基地的4名工人为该基地种植的水稻喷洒农药除草，所使用的除草药是五氯酚钠。这4名工人连续作业约2个小时。当天晚上7时多，其中1名工人黄石感到头晕，当时并未引起注意，老板知道后给他买来了葡萄糖。黄石喝了葡萄糖后，不适的症状并没有得到改善，且情况越来越严重，还出现了浑身无力、冒汗、心跳加快等症状。26日凌晨5时30分许，情况越来越危急，黄石被紧急送到附近的雷霞医院抢救。但由于黄石中毒较深，早上8时30分许，医生宣布抢救无效死亡。

五氯酚钠属于中等毒性，但吸入、经口毒性高，人经口毒性30毫克/千克（体重60千克的人吸入1.8克的农药就可以导致死亡）。盛夏高温季节施药，上升气流大，农药蒸发量大，在没有穿戴防护服的情况下施药，极易造成中毒事故。

2016年4月19日，苍南县农业局接到龙港镇李某的投诉，诉称2016年1月1日在某农资公司门市部购买农药时，销售员配售恶酮·霜脲氰、氟菌·霜霉威、氰霜唑、啶氧菌酯、腐霉利5种农药，并允许混合使用。用药后番茄出现叶子、心叶枯焦，茎部变黑脱皮等异常现象，番茄植株出现明显生长不良，推迟开花、挂果少等减产情况，直接造成经济损失10多万元。

接到诉求后，苍南县农业局立即组织有关技术人员到田间实地察看，根据《浙江省农业生产事故处置办法和浙江省农业生产事故技术鉴定办法》的规定，受双方当事人委托对上述5种农药分别作对比试验，经过试验形成鉴定意见：李某使用农资公司门市部所配售的农药与番茄造成药害有因果关系，另外啶氧菌酯农药标签已注明“不推荐与其他农药混合使用”。

思考与训练

1. 评价施药质量好坏的主要指标有哪些？
2. 为什么说高温气节中午不宜施药？

模块六
认识农作物病虫害绿色防控

学习目标

通过本模块的学习，学员要明白绿色防控的含义及其作用，可以分辨病虫害防治的名词术语间的区别，了解绿色防控技术的组成内容；明白绿色防控与统防统治的关系，掌握融合的实质和方法，以利于正确有效采用绿色防控技术。

小链接

绿色防控是为贯彻落实“绿色植保”理念而提出的。自 2007 年起，在全国主要地区开展了多种作物试验示范，2009 年在黑龙江进行了整建制，全生育期玉米螟绿色防控技术集成示范。为了进一步加快绿色防控技术推广，加强绿色防控工作，2011 年农业部办公厅印发《关于推进农作物病虫害绿色防控的意见》（农办农［2011］54 号），在全国推广绿色防控技术。

一、绿色防控基本概念

2006 年，在全国植保工作会上，农业部提出我国植保工作“公共植保、绿色植保”理念。这是继 1975 年我国提出植保方针“预防为主、综合防治”之后，对植保工作的又一次重大创新。为落实“绿色植保”理念，强化农产品质量安全，转变植保防灾方式，在多年实践的基础上，提出了绿色防控，以保障农业生产安全、农产品质量安全和生态环境安全。

（一）什么是绿色防控

农作物病虫害绿色防控，是指采取生态调控、生物防治、物理防治和科学用药等环境友好型技术措施控制农作物病虫危害的行为。

绿色防控是贯彻“公共植保、绿色植保”理念的产物，那么什么是“公共植保、绿色植保”?

公共植保就是把植保工作作为农业和农村公共事业的重要组成部分，突出其社会管理和公共服务职能。植物检疫和农药管理等植保工作本身就是执法工作，属于公共管理；许多农作物病虫具有迁飞性、流行性和暴发性，其监测和防控需要政府组织跨区域的统一监测和防治；如果病虫害和检疫性有害生物监测防控不到位，将危及国家粮食安全；农作物病虫害防治应纳入公共卫生的范围，作为农业和农村公共服务事业来支持和发展。

绿色植保就是把植保工作作为人与自然和谐系统的重要组成部分，突出其对高产、优质、高效、生态、安全农业的保障和支撑作用。植保工作就是植物卫生事业，要采取生态治理、农业防治、生物控制、物理诱杀等综合防治措施，要确保农业可持续发展；选用低毒高效农药，应用先进施药机械和科学施药技术，减轻残留、污染，避免人畜中毒和作物药害，要生产“绿色产品”；植保还防范外来有害生物入侵和传播，要确保环境安全和生态安全。

绿色防控的提出，继承了植保方针关于综合防治的生态系统观、经济效用观和社会效应观，强调可持续治理，主推抗病虫品种、作物合理布局、健康栽培等农业技术和农田生态工程、生物多样性、果园生草、自然天敌保护利用等生态调控技术；重点应用以虫治虫、以螨治螨、以菌治虫、以菌治菌等生物防治技术，昆虫信息素、杀虫灯、诱虫板、食饵诱杀、防虫网阻隔以及银灰膜驱避等理化诱控技术；免疫诱抗、生长调节、农用抗生素等生物化学防治技术；集成配套高效、低毒、低风险、环境友好化学农药与高效施药器械，最大限度降低农药使用的负面影响。

（二）绿色防控与综合防治、害虫综合治理（IPM）的关系

1. 概念及发展

（1）绿色防控是 2006 年提出的，以绿色发展理念为主导的有害生物防治技术体系，是对综合防治和 IPM 的继承和发展。

（2）综合防治是 1975 年我国提出的“预防为主、综合防治”植保方针的重要组成，是对有害生物进行科学管理的体系。它从农业生态系总体出发，根据有害生物和环境之间的相互关系，充分发挥自然控制因素的作用，因地制宜地协调应用必要的措施，将有害生物控制在经济损害水平以下，以获得最佳的经济、社会和生态效益。

（3）IPM（integrated pest management）是 1967 年联合国粮食组织（FAO）在有害生物综合防治会上提出的，一般称为有害生物综合治理，是依据有害生物

的种群动态与其环境间的关系的一种管理系统。IPM 最初仅指害虫，其后发展到病虫害，现在防治对象的范围扩大到一切危害植物的生物。

①IPM 概念提出以来，经历了不断发展的过程，产生了多种不同的定义，但他们都是 IPM 的加强和完善。害虫综合控制（IPC）是 IPM 的基础。美国环境质量委员会给 IPC 的定义是，应用各种技术的组合，防治许许多多可以危害作物的有害生物的途径，是最大限度地利用天然种群的自然调节作用来抑制有害生物的组合。联合国环境质量管理委员会（CEO）对 IPM 的定义是：IPM 是运用综合技术防治可能危害作物的各种潜在害虫的一种方法。它包括最最大限度地依靠大自然对害虫群体的控制作用，辅以对防治有利的各种技术的综合运用，如耕作方法、害虫专化性疾病、抗虫作物品种、不育技术、诱虫技术、天敌释放等，化学农药则视需要而用。

②IPM 概念在应用中不断地拓展，形成了有害生物生态治理（EPM）和有害生物可持续治理（SPM）等概念。有害生物生态治理（EPM）是对 IPM 的进一步发展，强调维持系统的长期稳定和提高系统的自我调控能力，在随时对系统进行监测、预测的基础上，以系统失去平衡时的种群密度为阈值，在有害生物暴发初期种群密度低时采取措施，以生物防治为主要措施。有害生物可持续治理（SPM），既能满足当前社会对有害生物控制的需求，又不对今后社会对有害生物控制需求能力构成危害，它是一种经济、社会、生态效益相互协调的有害生物控制策略，是以生态体系为基础的，通过对整个生态体系的维护与调控，增强体系的结构和功能的稳定性，发挥生态体系对有害生物的制衡作用。此外，和 IPM 相关的还有，有害生物总体治理（TPM）、有害生物区域治理（APM）、有害生物合理治理（RPM）、强化生物因子的综合治理（BPM）和以生态学为基础的有害生物学治理（EBPM）等。但影响最大，接受最广的还是 IPM 的概念。

2. 三者之间的关系

（1）比较综合防治、IPM 和绿色防控三种概念，都包含三个基本观点：即生态学观点、经济学观点和社会学观点。

①生态学观点从农业生态系统的整体出发，考虑有害生物与其生态因素间的相互关系和影响，通过加强或创造对有害生物的不利因素，避免或减少其有利因素，维护生态平衡并使其生态平衡向有利于人类的方向发展。

②经济学观点认为有害生物防治是人类的一项经济管理活动，其目的不是要消灭有害生物，而是要控制其种群数量在经济允许水平以内。强调的是防治成本与防治收益之间的平衡，是以经济阈值或防治指标作为进行防治决策的标准，现

在除了直接经济效益外，还要考虑生物多样性、天敌保护、对生态环境的污染等。

③社会学观点把农业生态系统作为一个开放系统，它与社会有着广泛和密切的联系。有害生物防治技术管理体系的建立和完善，既受社会因素的制约又同时会产生对社会的反馈效应。

以上观点具体落实到有害生物的防治工作中，就要是做到以下几点：

一是有害生物的防治不要求彻底消灭，允许其在不危害作物的水平下继续存在。二是强调分析有害生物危害的经济水平与防治费用的关系。三是强调多种防治方法的相互配合，尽量采用农业的、生物的等非化学防治措施，而不单独采用化学防治。四是要充分利用自然控制因素的作用。五是要以生态系统为单元，重视生态控制。

（2）三种概念各有侧重点：

①综合防治是我国植保方针的组成部分，强调在预防为主的基础上，通过综合应用各种措施，把害虫控制在不足危害的水平，以达到保护人畜健康和增产的目的。

②IPM是国外提出的害虫综合管理体系，实质是对害虫实行动态监控，根据种群数量水平、发展趋势和影响因子，决定有无防治的必要。重点强调以最少的代价达到控制主要危害的目的。

③绿色防控是对综合防治和IPM的继承和发展，重点强调多种防治技术的合理使用和限制化学农药的过度使用的可持续治理、绿色发展。以确保农业生产、农产品质量和生态环境安全为目标，以减少化学农药使用为目的。

（三）绿色防控的意义

1. 可持续控制病虫害，保障生产安全 目前我国防治农作物病虫害主要依赖化学防治措施，在控制病虫危害损失的同时，也带来了病虫抗药性上升和病虫暴发几率增加等问题。通过推广应用生态调控、生物防治、物理防治、科学用药等绿色防控技术，不仅有助于保护生物多样性，降低病虫害暴发几率，实现病虫害的可持续控制，而且有利于减轻病虫危害损失，保障粮食丰收和主要农产品的有效供给。

2. 提升农产品质量，保障农产品质量安全 传统的农作物病虫害防治措施既不符合现代农业的发展要求，也不能满足农业标准化生产的需要。大规模推广农作物病虫害绿色防控技术，可以有效解决农作物标准化生产过程中的病虫害防治难题，显著降低化学农药的使用量，避免农产品中的农药残留超标，提升农产品质量安全水平，增加市场竞争力，促进农民增产增收。

3. 降低农药使用风险，保护生态环境 病虫害绿色防控技术属于资源节约型和环境友好型技术，推广应用生物防治、物理防治等绿色防控技术，不仅能有效替代高毒、高残留农药的使用，还能降低生产过程中的病虫害防控作业风险，避免人畜中毒事故。同时，还能显著减少农药及其废弃物造成的面源污染，有助于保护农业生态环境。

4. 创响产品品牌，提升农业国际竞争力 我国多数农产品价格普遍高于国际市场价格，而劳动力和投入品价格仍在上涨，成本仍在增加，农产品竞争力不强，对我国农产品出口构成新的挑战。推进病虫绿色防控，可减少农药用量、降低农药残留，提高产品品质、创响知名品牌，增强优势农产品国际竞争力。

二、绿色防控与统防统治的融合

案例6－1

绿色防控与统防统治融合推进

2014年10月16日，农业部在湖南长沙召开全国农作物病虫害专业化统防统治与绿色防控融合推进经验交流会（图6－1）。会议指出，统防统治是病虫防治组织方式的创新，绿色防控是病虫防治技术体系的创新，二者融合推进要在统防统治过程中，广泛采用物理防治、生物防治、生态控制等绿色防控措施；在绿色防控过程中，充分发挥统防统治组织和新型农业生产经营主体的作用，统一组织实施，有效提升病虫害防控组织化程度和科学化水平。

图6－1 绿色防控与统防统治的融合推进

(一)为什么要进行融合

专业化统防统治与绿色防控融合，就是把统防统治的组织方式与绿色防控的技术措施集成融合为综合配套的技术服务模式，进行大面积示范展示，逐步实现农作物病虫害全程绿色防控的规模化实施、规范化作业。融合推进可以有效提升病虫害防治的组织化程度和科学化水平，是实现病虫综合治理、农药减量控害的重要内容，也是转变农业发展方式、实现提质增效的重大举措。

统防统治与绿色防控融合推进的内容，一是专业化统防统治，要依托病虫防治专业化服务组织、新型农业经营主体等，开展专业化统防统治，重点发展全程承包服务，提高病虫防控组织化程度；二是全程绿色防控，要熟化、优化理化诱控、生物防治、生态调控等绿色防控技术措施，集成推广以生态区域为单元、以农作物为主线的全程绿色防控技术模式，提高病虫防控水平；三是科学安全用药，科学选择、合理轮换使用不同作用机理的高效低毒、低残留农药，大力推广新型植保机械，普及科学安全用药知识，提高资源保护和利用水平。

统防统治与绿色防控融合的重点是要形成统防统治的组织方式与绿色防控的技术措施融合为一体的综合配套技术服务模式，以提高绿色防控技术的应用水平。

统防统治与绿色防控融合推进的目标是把农作物病虫害的监测预警和预防控制融为一体，充分调动政府、农民、企业、专业化组织的积极性，通过多方努力，逐步形成以新型农业经营主体和专业化统防统治组织为主力，植保推广体系为技术支撑，农企合作为主要模式，绿色防控技术为主导的植保专业化服务模式，实现病虫害防治的“六化”，即：病虫监测智能化、统防统治专业化、绿色防控集成化、安全用药科学化、农企合作模式化、效益评估规范化。

(二)融合推进的方式方法

融合推进作为新时期植保工作的重要抓手，一要充分利用病虫防控补助资金，结合高产园创建、标准园创建等项目进行实施，并争取财政增量，调动社会资源，加大扶持力度；二要以解决生产实际问题为导向，加强农科教企协同攻关，优化、熟化组装集成病虫害综合治理技术和物化产品，形成操作规程；三要扶持新型农业生产经营主体自主开展融合推进，也要扶持专业化防治组织开展统防统治和绿色防控服务，形成多元化融合推进格局；四要重点建好统防统治与绿色防控融合推进示范区，并逐步向高产创建示范片、园艺作物标准园、“三品一标”基地拓展，辐射带动大面积病虫综合治理、农药减量控害。

（三）融合推进注意事项

为确保融合推进工作顺利进行，需要各级农业农村主管部门加大扶持力度，加强培训指导，注重宣传引导，逐步形成政府扶持、市场运作、多元主体、专业服务的机制，不断深化融合内容，扩大融合范围，以达到病虫综合治理、农药减量控害目标。在融合推进过程中，要注意：

坚持“政府扶持、市场运作、多元主体、专业服务”的推广机制。政府要扶持，但不能挟持。技术要宣传引导，不要强加拼凑。人员要加强培训，不断提高认识能力和技术水平。最关键的是，要坚持市场运作，尊重市场规律，政府扶持做到帮忙不添乱，行业管理做到公平公正，正确引导。同时，还要保护融合推进中的主体多元化，以适应不同经营规模的多样化需要。

（四）融合推进成功案例

案例6－2

邹城市农作物病虫害专业化统防统治与绿色防控融合推进

山东省邹城市是全国重要的优质商品粮、油生产基地（图6－2）。近年来，以统防统治示范县和全国绿色防控示范区建设项目为带动，以“政府引导、财政扶持、多元化投入、专业化管理”为有效措施，积极推进统防统治与绿色防控有机融合，实现了全市2万公顷花生、1.3万公顷果树统防统治与绿色防控全覆盖。例如，香城镇通过实施洪山流域生态农业示范区建设项目，先后购买杀虫灯3 000盏、性诱捕器1万套、粘虫板50万块。使用之初，以村为单位的管理分散，责任利益不明确，设备丢失损坏、安装使用不正常的现象时有发生。2009年起，该镇把杀虫灯、粘虫板等安装管护权、收益权全部交给保丰收植保专业合作社。该社是山东省统防统治优秀服务组织，拥有大、中型植保机械96台，专业防治队员150人。为全面做好洪山流域4 200公顷花生、果树绿色防控，该社成立了8个村级服务站，并联合老龙湾、圣香园、奥科等7家种植合作社，以植保机械、土地、果树等入股的方式，风险共担，收益共享，形成绿色联盟，共同开发生态农业示范区。4年来，由于管理到位，3 000盏杀虫灯、1万套性诱捕器均能保持正常使用，合作社及社员收益逐年增长。

邹城市统防统治与绿色防控融合推进，实现了“三管三化”，即专业化统防统治组织通过“管监测、管维护、管诱控”，实现“专业化、统一化、科学化”。通过积极探索农作物病虫害监测预警、绿色防控与统防统治服务组织的有机结合，将管监测、管维护、管诱控等任务让服务组织参与并具体负责；管监测，根据作物布局、病虫发生特点，合作社设立了病虫测报点10处，安装自动虫情测报灯5台，有效监控病虫发生趋势，确保防治的准确性、时效性；管维护，对植保机械、绿色防控物资均由合作社统一采购、统一安装、统一管护，保证了绿色防控技术的推广深度和防控效果；管诱控，合作社对杀虫灯、性诱剂、粘虫板的防控效果负责。在防控小麦赤霉病、灰飞虱、棉铃虫等重大病虫害工作中，发挥了启动速度快、作业效率高、防控效果好的优势。

案例分析：该案例是以专业化合作社的组织形式，推广应用以理化诱控为主的绿色防控技术的典型。通过融合，专业合作社增加了服务内容，提高了防治技术水平，绿色防控技术得到了大面积推广应用，理化诱控的植保器械得到了保护和充分利用，收到了显著的经济、生态和社会效益。专业合作社赚了钱，邹城的生态得到了保护，理化诱控的器械充分利用减少了浪费，起到了良好的示范带动作用。全市在统防统治与绿色防控中不断拓展，除花生、果树外，在小麦、玉米等作物上也取得了较好的效果。

图6-2　山东邹城花生绿色防控示范

案例6-3

峡江县杨梅"病虫害专业化统防统治+绿色防控"融合发展

近年来，江西省加强了农作物病虫害绿色防控技术体系的集成，峡江县积极探索本县特色农业产业——杨梅病虫害专业化统防统治服务模式，以杨梅全程绿色防控为技术支撑，大力推进杨梅病虫害专业化统防统治与绿色防控技术融合，促进农药减量增效，保障杨梅果品质量安全和环境安全（图6-3）。

①引导农企合作，建立"植保站+专业防治组织+杨梅专业合作社（大户）+农药械与绿色防控产品生产企业"合作模式。植保站加强指导与协调，专业防治组织、杨梅专业合作社（大户）、农药械与绿色防控产品生产企业各方签订合作协议，充分发挥各方优势，联合开展技术集成应用、绿色防控产品直供，加快高效低风险农药、高效节药植保机械和绿色防控产品示范推广，探索一条杨梅病虫害专业化统防统治与绿色防控融合农企合作新模式。

②加强政府推动。农作物病虫害专业化统防统治服务风险高、投入高、收益低。防治组织与服务对象双方诚信不稳定，防治成本、防治效果易受天气、病虫害周期性大发生和突发性暴发等影响。政府是促进专业化统防统治服务组织发展的重要保障。为此，在开展专业化统防统治服务初始阶段，政府应提供政策和资金扶持，引导有良好服务意愿、具有一定专业化服务能力的企业（合作社）成长为病虫害专业化服务主力；对其进行组织建设、服务规程、全程绿色防控技术等内容培训，规范其服务行为；对其购买先进植保机械进行补贴，并加大统防统治与绿色防控技术融合的宣传与推广，搭建双方沟通平台，完善双方纠纷的解决机制，逐步带动整个专业化服务产业健康发展。

③加快绿色防控技术集成应用。杨梅等果树病虫害发生情况比较复杂，专业化统防统治开展缓慢，一家一户防治、化学防治为主、粗放用药的方式，已不适应当前病虫害防控要求。只有集成一套全程绿色防控技术服务体系，应用对应的绿色防控技术把每种病虫害危害损失控制在经济允许范围之内，实现从治到防的病虫害管理的转变。通过专业化防治组织，将绿色防控技术和绿色防控产品有效地应用，让农民看到化学农药使用减少、病虫危害减轻的切实效果。

④取得显著经济、社会、生态效益。2016年全县农作物病虫害绿色防控和专业化统防统治覆盖率分别达到27.5%和37.5%；化学农药使用量减少1

个百分点，农药利用率提高 1.5 个百分点，达到 38.5%；害虫天敌种群数量增加，为循环农业的可持续发展创造条件。通过专业化服务组织提供绿色防控技术全程防治服务，能减少因病虫害发生而造成的损失，并且能提高农产品品质和产量，杨梅融合区亩产 1 138.7 千克，比农民自防区的 1 075.3 千克增产 63.4 千克，增幅 5.9%；亩产值27 328.8元，比农民自防区的21 506元增加 5 822.8 元，增幅 27.1%，经济效益显著增加。

案例分析：本案例是一个以特色产业为抓手、政府扶持为支撑、农企合作为模式的统防统治与绿色防控融合推进的成功例子。政府的作用是给予资金、技术和政策的支持，企业的作用是绿色防控技术产品的提供和技术服务，专业化防治组织的作用是统防统治和绿色防控融合的实施者，三者结合，以特色农产品杨梅为载体，实现了产业发展、组织完善、企业获利、农产品优质的多赢目标。

图 6－3　杨梅绿色防控效果

思考与训练

1. 什么是绿色防控？绿色防控的主要作用有哪些？推广应用绿色防控的重要意义？

2. 为什么要强调绿色防控与统防统治融合推进？

3. 绿色防控与统防统治融合推进的重点和目标是什么？方式方法有哪些，各有何特点？

模块七
农作物病虫害绿色防控技术及其应用

学习目标

通过学习了解绿色防控技术体系的构成；知道各种绿色防控技术的优缺点，并能够在不同的条件和范围下，选用适合的绿色防控技术。

一、作物健康技术

（一）检疫措施为主的绿色防控

植物检疫是通过法律、行政和技术的手段，防止危险性植物病、虫、杂草和其他有害生物的人为传播，保障农林业的安全，促进贸易发展的措施，是一项特殊形式的植物保护措施，包括预防或杜绝、铲除、免疫、保护和治疗5个方面。植物检疫是全世界通用的主动预防外来有害生物进入本区域的一项植保技术，一般由专业的植物检疫人员，在海关、港口等进行检疫检验，一经发现立即拦截并进行处理。检疫检验按检验场所和方法可分为入境口岸检验、原产地田间检验、入境后的隔离种植检验等；按检疫检验的目的可分为国外引种检疫，国内产地检疫、调运检疫。

1. 国外引种检疫 在农业生产中，从国外引入农作物的种子、苗木等最常见，植物检疫对于国外引种所采取的相关检疫检验就是国外引种检疫。引种一般要经过专门的机构进行审批，审批通过的方可进行引种。如果在海关等检疫检验中发现所引进的种子或苗木等繁殖材料有禁止带入的有害生物，则这批引种材料必须按检疫要求进行处理。国外引种检疫是绿色防控的第一道关口，也是最经济、绿色、有效的措施。

2. 产地检疫与调运检疫 植物产地检疫是指植物检疫机构对植物种子、苗木等繁殖材料和植物产品在生产地（原种场、良种场、苗圃以及其他繁育基地）进行检疫。

调运检疫是指植物及其产品在调出原产地之前、运输途中、到达新的种植或使用地点之后，根据国家或地方政府颁布的植物检疫法规，由专门的植物检疫机构，对应检疫的植物及其产品所采取的检疫措施。调运检疫是国内检疫工作的核心，也是防止危害性病虫草等随植物及其产品在国内人为传播的关键。

产地检疫和调运检疫都是有效的预防有害生物措施，是防患于未然的主动防控，是绿色防控的重要措施。

（二）农业措施为主的绿色防控

农业措施的范围十分广泛，包括了从土壤、种子到农田生态等各个方面。从培育健康的农作物和良好的农作物生态环境入手，使植物生长健壮，并创造有利于天敌生存繁衍、而不利于病虫发生的措施都是绿色防控的主要内容。

1. 土壤健康技术 土壤健康技术主要包括良好的土壤结构和充足的土壤肥力的培育技术。合理的土壤耕作和科学水肥管理是最主要的土壤管理措施，通过耕作可以改良土壤结构、培育健康的土壤生态环境；科学施肥，增施有机肥，灌溉用水符合农田灌溉水水质标准等，为作物创造良好的生长环境，从而增强农作物抵御病虫害的能力和抑制有害生物的发生。

土壤培育技术，除了土壤物理结构和肥力供应能力外，还应包括健康的土壤微生物，连作、过度的施用化学肥料等不利于土壤微生物的生态平衡，必要时要通过人为施用生物菌肥、有机肥等，调节土壤微生物的生态平衡。

2. 品种抗性利用技术 农作物在长期的栽培过程中形成了其特有的抵抗不良环境和病虫危害的特性，即品种抗性。利用这一特性，通过合理选用品种，达到防治病虫害目的的技术就是品种抗性利用技术。

品种可以是农作物的种子，也可以是苗木。大田农作物多选择种植抗病虫品种的种子来防治病虫害，而果树、蔬菜等常通过嫁接育苗方式来防治病虫害。

案例7－1

利用抗性品种成功防治重大病虫害

小麦、水稻、玉米、棉花等作物已有多项利用抗性品种成功防治重大病虫害的案例。小麦条锈病是小麦生产上重要的病害，建国以来针对小麦条锈病培育的碧玛1号、阿勃系、洛夫林系、绵阳系列等抗病品种，通过更新换代有效地控制了条锈病的大流行。水稻的抗水稻稻瘟病品种，如湘早籼系列、皖稻系列、汕优系列、早粳、中花8号、双桂1号、滇瑞408、长白7号、E两优476等品种；抗水稻稻飞虱的糯稻N－2、西农优10号、宁粳

1号、淮稻9号、Q优1号、Y两优1号、皖稻51、荣优225、汕优736、C两优513等品种的应用有效防治了水稻病虫危害。抗玉米大小斑病、病毒病、玉米螟的郑单958、鲁单981、浚单20等玉米品种的推广；抗棉铃虫的转基因抗虫棉品种等，对这些作物的病虫害发生都得到了有效控制。

但因病虫抗性基因的不断进化、变异，品种抗性也会丧失，要注意系统监测不同种植区域、不同病虫的抗性变化情况。生产上应用抗性品种时，应根据不同生态区的病、虫抗性变化情况，选用适宜的抗耐病品种，合理布局、定期轮换，避免同一区域单一品种的大面积种植，防止抗性丧失。

3. 健康栽培技术 在健康土壤的基础上，通过培育壮苗、整形修剪、田间管理、生态环境调控等栽培管理措施，提升作物对病虫的抵抗能力，为农作物的健壮生长打下良好的基础。培育壮苗包括培育健壮苗木和大田调控作物苗期生长等；田间管理包括适期播种、中耕除草、合理灌溉、合理施肥、适宜密植等措施；整形修剪主要是根据果树的生长发育特点、树势强弱等进行枝条短截、疏除、回缩、长放、拉枝、刻芽、摘心、扭梢、拿枝等，培育结果枝组，并配合疏花疏果，合理负载等，提高树势，改善通风透光条件，减少病虫发生；生态环境调控措施包括果园种草、田埂种花、农作物立体种植、设施栽培、间作套种、种植诱集植物等，增加小生态环境中的生物多样性。

4. 种苗处理技术 种苗处理技术主要指播种前利用物理、生物或化学的方法对播种材料进行消毒处理或补充某些营养物质，以减少种子或苗木带菌，增强抗逆性的技术。

(1) 物理方法主要是利用热力、冷冻、干燥、电磁波、超声波、微波、射线等手段抑制、钝化或杀死病原物，常用的有温汤浸种和干热灭菌。温汤浸种，利用种子与病原物耐热性的差异，选择适宜的水温和处理时间来杀死种子表面和种子内部潜伏的病原物，而不会对种子造成损伤；干热灭菌是将干种子放在专用仪器设备中进行70～75℃（一般采用阶梯式逐步提高温度）高温处理；微波适合于对少量的种子进行快速的杀菌处理。微波法是用微波炉，在70℃下处理玉米种子10分钟就能杀死携带的玉米枯萎病病原细菌，还可用于植物检疫，对旅客携带或邮递的少量种子进行消毒处理。

(2) 生物法是利用有益微生物、促进植物生长的根际细菌、生物农药浸种、拌种或做成微生物包衣剂，如常用枯草芽孢杆菌、寡雄腐霉、哈茨木霉等拌种。

(3) 化学方法主要是应用杀菌剂、杀虫剂、植物生长调节剂等进行浸种、拌种、闷种、种子包衣等，用于防治种传和土传病虫害，兼治地上部病虫害，如用三唑类杀菌剂拌种防治条锈病，咯菌腈浸种防治蔬菜根腐病，辛硫磷、吡虫啉拌种防治地下害虫，精甲霜灵·咯菌腈悬浮种衣剂包衣可控制腐霉菌、疫霉菌、丝核菌、镰刀菌、根串珠霉菌、菌核菌等作物苗期病害，果树苗木移栽前选用内吸治疗性杀菌剂浸蘸根系防除根腐病等，或进行苗木熏蒸处理。

【小知识】

国际种子处理技术进展

国际上种子处理技术是美国人在1866年提出的，20世纪中叶，国外种子处理技术发展迅速，种子药剂处理开始进入工业时代。20世纪60～70年代，随着世界农药工业的蓬勃发展，用于种子处理的杀虫剂和杀菌剂大量问世，促进了种子包衣的迅速商业化。

种子包衣技术是近30年来出现的一种新的种子处理方法，它是利用水溶性和易分解的粘着剂把某些物质包裹在种子上来达到处理目的。种衣的类型很多，有帮助作物移植生长的种衣、延缓发芽的种衣、肥料种衣、蓄水种衣、药物种衣、激素种衣等等。目前，美国、日本及西欧一些国家已广泛采用这一种子处理技术。

我国种子包衣技术的发展也较迅速，目前在农业生产上，玉米杂交种基本实现了种子包衣化。在小麦、水稻等作物上主要采取拌种的方法进行种子处理（图7-1）。种子包衣和拌种处理各有优点，种子包衣具有机械化程度高、处理效率高等特点，而拌种则具有操作简单、拌种药剂的配方可根据情况灵活调整等优势。

图7-1 种子处理（拌种）

二、理化诱控技术

利用昆虫的趋光、趋化特性进行成虫诱杀的技术，常用的有灯光诱杀、色板诱杀、性信息素诱捕、食物诱杀等。

（一）灯光诱控技术

利用昆虫成虫对不同波长、波段光具有较强趋性的原理进行诱杀，有效控制害虫种群数量的技术，是重要的物理诱控技术。常用的杀虫灯因光源的不同可分为传统光源灯和新型发光二极管（LED）类杀虫灯，LED 新光源杀虫灯主要包括 LED、太阳能电池板、蓄电池、自动控制系统、高压电网等部件；因电源的不同可分为交流电供电式和太阳能供电式杀虫灯等，太阳能供电式杀虫灯一般包括专用光源、太阳能电池板、蓄电池、自动控制系统、高压电网等部件。目前主要使用的杀虫灯是太阳能杀虫灯，有太阳能辐射式杀虫灯、太阳能多用体杀虫灯、太阳能立杆式杀虫灯等多种类型。

针对目标昆虫的诱导波长，研制杀虫灯专用光源，引诱害虫扑向灯光；光源外配置高压击杀网，杀灭害虫。据调查，杀虫灯能诱杀以鳞翅目和鞘翅目害虫为主的多种类型的害虫成虫，包括夜蛾、食心虫、地老虎、金龟子、蝼蛄等几十种，目前在水稻、棉花、花生、茶叶、苹果、葡萄、柑橘、龙眼、露地蔬菜、烟草、园林等多种作物上广泛应用（图 7－2）。

图 7－2 灯光诱杀技术

田间应用时，一般单灯控制面积 30～50 亩，装灯时，灯柱高度（杀虫灯悬挂高度）因不同作物高度而异。一般来说玉米、棉花、水稻等大田作物的悬挂高度为灯的底端（即接虫口对地距离）离地 1.2～1.5 米，如果作物植株较高，挂灯一般略高于作物 20～30 厘米；对苹果树、柑橘树、茶树等园艺作物，杀虫灯接虫口距离树冠顶部50～60厘米。杀虫灯田间布局，一是棋盘状分布，适合于比较开阔的地方；二是闭环状分布，主要针对某块危害较重的区域以防止害虫外迁或为试验需要特种布局。如果安灯区地形不平整，或有物体遮挡，或只针对某种害虫特有的控制范围，则可根据实际情况采用其他布局方法，如在地形较狭长的地方，采用小“之”字形布局。棋盘状和闭环状分布中，各灯之间和两条相邻线路之间间隔以单灯控制面积计算，如单灯控制面积30亩，灯的辐射半径为80米，则各灯之间和两条相邻线路之间间隔160～200米。开灯时间根据害虫成虫发生高峰期，每晚19：00至次日3：00为宜。

（二）色板诱控技术

利用昆虫对不同颜色的趋性，制作各类有色粘板诱杀害虫的技术，以达到控害减损的目的，诱虫色板主要用于对微小个体昆虫的诱杀。目前，色板在茶园、蔬菜大棚、果园等农林群落中应用广泛。蚜虫类、粉虱类、叶蝉类趋向黄色、绿色，一些寄生蝇、种蝇偏嗜蓝色，蓟马类偏嗜蓝紫色或黄色，夜蛾类、尺蠖蛾类对于色彩比较暗淡的土黄色、褐色有显著趋性。为增强对靶标害虫的诱捕力，可将害虫性诱剂、植物源诱捕剂与色板组合，将诱捕剂载于诱芯，诱芯可嵌在色板或者挂于色板上，诱杀效果明显优于单一色板或单一诱捕剂。色板多为长方形或方形，规格不等，如20厘米×40厘米、20厘米×30厘米、20厘米×20厘米、30厘米×30厘米等。色板上均匀涂布无色无味的粘虫胶，胶上覆盖防粘纸，田间使用时，揭去防粘纸。

在茶园、菊花、蔬菜上应用时，在害虫成虫始发期或迁飞前后，每亩放置15～20张色板，色板高于作物15～20厘米；果园使用时，色板挂于树冠中部、南侧，每1～2棵树挂1张，可根据作物种类和种植密度适当增加。在茶园、橘园、菊花、桃树、蔬菜上诱捕蚜虫类时，可选用油菜花黄色粘板，春、夏期间，在成蚜始盛期，使用色板诱捕迁飞的有翅蚜；秋季9月中下旬至11月中旬，将蚜虫性诱剂与粘板组合诱捕性蚜，压低越冬基数。在茶园、橘园、行道树、蔬菜大棚内诱捕粉虱类，可选用素馨黄色粘板，春季越冬代羽化始盛期至盛期诱捕迁飞的粉虱成虫。蓟马类诱捕使用蓝色或黄色粘板。蝇类诱捕使用蓝色或绿色粘板。尺蠖蛾类和夜蛾类诱捕使用土黄色、浆黄色粘板，诱捕产卵前期的尺蠖蛾。及时更换粘满虫体的色板（图7-3）。

图 7－3　粘虫板诱杀技术

（三）信息素诱控技术

昆虫信息素是昆虫种群或个体间用于通讯的化学物质，由昆虫产生，属易挥发性物质。按用途的不同昆虫信息素可分为多种，有性信息素、追踪信息素、产卵信息素、示警信息素等。

1. 性信息素与性诱剂　目前生产上应用较多的是昆虫性信息素。性信息素指昆虫成虫分泌并向体外释放的，引诱同种异性成虫交配的一种化学信息素。性诱剂是人工合成的昆虫性信息素类似物，利用性诱剂进行害虫种群动态监测和大量诱杀，是害虫绿色防控的重要组成部分之一。生产中应用最多的是利用昆虫雌成虫性诱剂，引诱雄成虫前来交配，并根据昆虫生物学习性，配套适宜的诱捕器物理诱杀雄成虫，从而破坏或干扰害虫交配行为，切断害虫正常生活史，达到抑制害虫后代种群数量增长的控害目的。因其敏感性高、引诱力强、专一性好、对有益昆虫安全、能减少化学杀虫剂的使用而成为近年来采用较多的一种绿色治虫技术。目前，国外已商品化生产的昆虫性诱剂有百余种，国内也有数十种，其中应用较多的有 20 多种，如金纹细蛾、斜纹夜蛾、小菜蛾、甜菜夜蛾、苹小卷叶蛾、水稻二化螟、棉铃虫、烟青虫、橘小实蝇、瓜实蝇、舞毒蛾、地老虎等的昆虫性诱剂。

2. 防治方法　昆虫性诱剂的用法主要有诱捕法和迷向法。

（1）诱捕法。在田间或果园按照“外围密、中间少”原则或根据地形设置一定数量的性诱芯及其配套诱捕器大量诱杀成虫，降低成虫的自然交配率，从而减少后代幼虫的虫口密度。

诱捕法的整套诱捕装置由诱芯和诱捕器组成，诱芯是含有适量性诱剂的载体，常为钟形、反口橡胶塞或毛细管；诱捕器因害虫种类不同而分为干式诱捕器、三角屋式和船式粘胶板诱捕器、漏斗式诱捕器、多功能桶形诱捕器、水盆诱捕器等。性诱芯数量、诱捕器所放的位置和高度、气流情况等会影响诱捕效果，因此应根据作物、害虫生物学习性等进行试验后再示范推广。性诱芯一般 4～6 周更换 1 次，诱捕器可重复使用，但视粘虫情况及时更换粘板。利用聚集信息素诱捕鞘翅目的小蠹和天牛或利用食物气味诱捕实蝇类也属于这一类诱捕法。

(2) 迷向法。在田间或果园设置一定数量的性迷向丝（含有性诱剂的高分子缓释载体毛细管），在一定范围内大量、持续地释放性信息素化合物，使田间弥漫高浓度的化学信息素，或大量释放性信息素的同系物、抑制剂，迷惑雄虫无法定向找到雌虫，干扰和阻碍雌雄正常交尾，达到控制其交配繁殖的目的（图 7-4）。

国内外目前已将迷向法直接用于防治棉红铃虫、梨小食心虫、舞毒蛾、桃透翅蛾、西方松斑螟等。国内梨小食心虫的迷向防治法已得到较大面积的推广应用。性迷向防治的田间应用操作简单，一般每亩用迷向丝 30 根左右，持效期长达 3 个月以上，一般在作物整个生育期使用 1 次；综合防效 95%以上，可减少 1/3～2/3 的化学农药用量。

图 7-4　性诱剂诱杀技术

(3) 联合治虫。将昆虫性诱剂与化学不育剂、病毒、细菌和杀虫剂等联合使用，即先用性诱剂引诱害虫，使其与杀虫剂接触而死亡或使之与不育剂、病毒或细菌等接触后飞离，通过与其他个体接触及雌雄交配将病毒、细菌等传播给异性个体，并经过卵传给后代，使新生后代感染病毒或细菌，从而达到控制害虫种群的目的。

（四）食物诱控技术

食物诱控技术是根据昆虫在寻找寄主、觅食、产卵等过程中对植物释放的一类挥发性化学物质的趋性，研究合成植物源引诱剂，以诱捕害虫的技术。植物源引诱剂的核心成分是多种植物挥发物组合成的混合物，包括取食引诱剂和取食刺激剂等，其中取食引诱剂主要来自于寄主挥发性物质，远距离引诱昆虫对寄主的定向搜索；而刺激剂是植物的营养物质，如糖、脂肪、蛋白质，也可以是植物次生性化合物，如黑芥子苷、葫芦素等，一般是近距离、通过位于昆虫足部的感化器与位于口部的味觉器作用于昆虫。①生产中常用的取食引诱剂如糖醋液，就是利用某些鳞翅目、双翅目昆虫对甜酸气味的强烈趋性诱杀成虫；利用某些实蝇对玉米、大豆、酵母经发酵后产生的挥发性化合物具有明显的趋性，在蛋白水解饵料中混入杀虫剂，用于防治地中海实蝇；北京依科曼生物技术有限公司通过研究寄主植物的挥发性物质，开发了针对斑潜蝇、蓟马、粉虱、茶小绿叶蝉的取食引诱剂。②取食刺激剂主要与引诱剂和杀虫剂联用，引诱害虫大量取食而死亡。如美国利用葫芦素能刺激多种叶甲昆虫取食的特性，将杀虫剂与葫芦素和引诱剂混合制成毒饵，目前已经有效控制了多种食根叶甲昆虫的种群数量。食诱剂针对成虫起作用，通常在成虫发生初期使用能取得最佳防效（图 7－5）。

图 7－5　食诱剂诱杀果蝇技术

案例7－2

“四诱”技术在设施和大田的应用

性诱剂诱杀法防治苹果金纹细蛾，于越冬代成虫羽化前（4 月上中旬）田间悬挂性信息素诱捕器，每亩 5～8 个，每相邻诱捕器间间隔 20～30 米，悬挂于树冠外中部，距地面高度约 1.2～1.5 米。一般外围布置密度高于内圈，连片使用。

迷向法防治梨小食心虫，适用于桃、梨、苹果、杏、李、梅等果树，于春季越冬代成虫羽化前，按 33～45 根/亩，将产品分别悬挂于果树树冠 1/3、2/3 处，根据果树密度均匀分布。

食诱法防治柑橘害虫，以果瑞特 TM 实蝇诱杀剂为例，每亩用药 1 袋（180 克）；1 份原药，加 2 份水，充分搅拌均匀后倒入喷壶，在实蝇活动较活跃的早晨或者傍晚，选择果树或瓜果架背阴面中下层叶片点状喷洒；每亩果园喷 10 个点，每点用药液 30～50 毫升，以叶片上挂有滴状诱剂但不流淌为宜。

糖醋液诱杀多种害虫，使用量一般每亩 6～10 盆，每周换 1 次，针对不同害虫，最佳配方不同，如针对斜纹夜蛾、桃潜叶蛾、苹小卷叶蛾、菇蝇粪蚊，其糖∶醋∶酒∶水最佳配比分别为 3∶3∶1∶9、5∶20∶2∶70、1∶4∶1∶1 和 4∶2∶4∶10。

（五）防虫网阻隔技术（图 7－6）

防虫网是采用高分子材料聚乙烯，并添加防老化、抗紫外线等化学助剂，经拉丝织成的网筛状的新型覆盖材料，广泛应用于蔬菜制繁原种时隔离花粉，马铃薯、花卉等组培脱毒后隔罩及设施蔬菜生产，也可应用于烟草育苗时的防虫防病。

将防虫网覆盖在设施温室棚架上、门口、通风口位置，构建人工隔离屏障，将害虫拒之网外，有效控制菜青虫、菜螟、小菜蛾、斜纹夜蛾、蚜虫、烟粉虱、跳甲、猿叶虫、甜菜夜蛾、美洲斑潜蝇、豆野螟、瓜绢螟等 20 多种害虫的出入，阻隔病毒病传播，达到防虫兼控病毒病的良好效果。防虫网有黑色、白色或银灰色，兼有透光、适度遮光、抵御暴风雨冲刷和冰雹侵袭等自然灾害的作用。

图 7-6 防虫网物理阻隔技术

案例 7-3

防虫网在设施作物和育秧上的应用

防虫网阻隔技术在设施栽培和水稻育秧等生产中应用较普遍。设施栽培条件下，覆盖防虫网前要清洁田园，清除前茬作物的残虫枝叶和杂草等田间中间寄主，对残留在土壤中的虫、卵进行必要的药剂处理，最大程度清除设施内的害虫。

设施作物上应用防虫网技术时，应根据阻隔的目标害虫的最小体型，选择合适的目数，设施蔬菜上一般以 20～30 目为宜，于害虫发生初始前覆盖。根据设施类型，选择操作方便、易行节本的优化组合覆盖方法，常用的有：①设施防虫网、膜结合法，即保留设施大棚天膜，只在棚室四周的通风口及出入门口装上防虫网，网的四周应盖严、压牢，防止害虫通过网隙潜入网内，防止防虫网被风吹开或刮掉；②全网覆盖，在保护地设施少的地区，通过架设支架与拉托网绳，全覆盖防虫网以避虫；③双网（防虫网与遮阳网）配套使用，适用于盛夏高温、强光照的条件下栽培，顶部的天网用遮阳网阻挡强光、降温，四周用防虫网覆盖，防止害虫侵入，实现了遮光、避雨、防虫的目的，避免了网膜结合、全网覆盖的通风不良、易引发软腐病的缺点。

防虫网用于育秧时，有两种情况，一种是大型工厂化育秧，防虫网的使

用同设施作物。另一种是在田间小面积育秧，在选择防虫网时要根据害虫体型大小确定目数，还要注意使用防虫网的时间，一般多与薄膜覆盖同时进行，防虫网覆盖于薄膜之外，当去掉薄膜时，防虫网可起到阻隔害虫的作用。

（六）驱避技术

利用部分昆虫对色彩、植物气味的忌避习性，提取或合成活性成分，用来影响和干扰昆虫的取食、产卵等行为，达到避害目的。

驱避技术根据驱避方式可以分为利用色彩驱避技术和利用气味驱避技术，利用气味驱避又可分为利用天然植物的次生代谢物驱避和通过人工合成驱避剂驱避等。

①利用色彩驱避。利用蚜虫、烟粉虱对银灰色有较强的忌避性，可在田间挂银灰塑料条或用银灰地膜覆盖蔬菜来驱避害虫，预防病毒病。

②利用气味驱避。有些植物可利用其本身的次生性代谢产物，如挥发油、生物碱和其他一些化学物质，对害虫产生自然抵御性，表现为杀死、忌避、拒食或抑制害虫正常生长发育。如除虫菊、烟草、薄荷、大蒜驱避蚜虫；香茅油可以驱避柑橘吸果夜蛾；薇苷菊、马樱丹、蟛蜞菊、假臭草 4 种植物挥发油对柑橘木虱成虫有显著的驱避作用；薄荷气味驱避菜粉蝶在甘蓝上产卵；闹羊花毒素、白鲜碱、柠檬苦素、苦楝和印楝油、莳萝均是害虫的驱避剂和拒食剂；大蒜、薄荷、薰衣草、迷迭香、一抹香、鼠尾草、紫娇花对甘蓝蚜、小菜蛾和菜青虫有明显的驱避作用；山柰、黑胡椒、米糠油对玉米象成虫、赤拟谷盗幼虫和绿豆象成虫有明显驱避作用；八角对玉米象成虫、赤拟谷盗幼虫有明显驱避作用。因此，在农田周围、大棚门口等种植这些植物可有效地驱避一些害虫。研究表明，在甘蓝大棚入口处套种大蒜、薄荷后，两入口处的甘蓝蚜发生量分别减少 58.35%和 56.17%，小菜蛾发生量分别减少 52.04%和 40.52%；套种大蒜和紫娇花后，菜青虫发生量分别减少 55.36%和 41.52%。大蒜对菜青虫的有效驱避距离为 3 米，对甘蓝蚜为 1 米，对小菜蛾为 0.5 米；薄荷对甘蓝蚜的有效驱避距离为 3 米，对菜青虫为 1 米。

案例7-4

驱避技术应用

夏秋季蔬菜和设施蔬菜田间铺设银灰色地膜驱避蚜虫，每亩铺设银灰色地膜 5 千克；或将银灰色地膜裁成宽约 10～15 厘米的膜条悬挂于大棚内作物上部，高出植株顶部 20 厘米以上，膜条间距 15～30 厘米，纵横铺设成网格状。温室大棚通风口也可悬挂银灰色地膜条。如防治秋白菜蚜虫，可在白菜播种后立即搭 0.5 米高的拱棚，每隔 15～30 厘米纵横各拉 1 条银灰色光塑料薄膜，当幼苗 6～7 片真叶时撤棚定植。

三、生物防治技术

（一）生物防治的定义

生物防治是指利用有益生物及其产物防治有害生物，大致可以分为以虫治虫、以鸟治虫和以菌治虫等几类。它利用了生物物种间的相互关系，以一种或一类生物抑制另一种或另一类生物，是降低杂草和害虫等有害生物种群密度的一种方法，其最大优点是不污染环境。对生物防治的范畴有两种不同的理解。

1. 广义生物防治：把控制有害生物的“生物”理解成生物体及其产物，生物体包括利用某些能寄生于害虫的昆虫、真菌、细菌、病毒、原生动物、线虫以及捕食性昆虫和螨类、益鸟、鱼类、两栖动物等；而生物产物的含义非常广，例如植物的抗害性和杀生性、昆虫的不育性、激素及外激素、抗生素的利用。

2. 狭义生物防治：直接利用生物活体（微生物、动物、植物）控制有害生物，应用最为普遍（图 7－7）。目前，用于生物防治的生物活体可分为三类：①微生物。常见的有真菌、细菌、病毒和能分泌抗生物质的抗生菌，如应用白僵

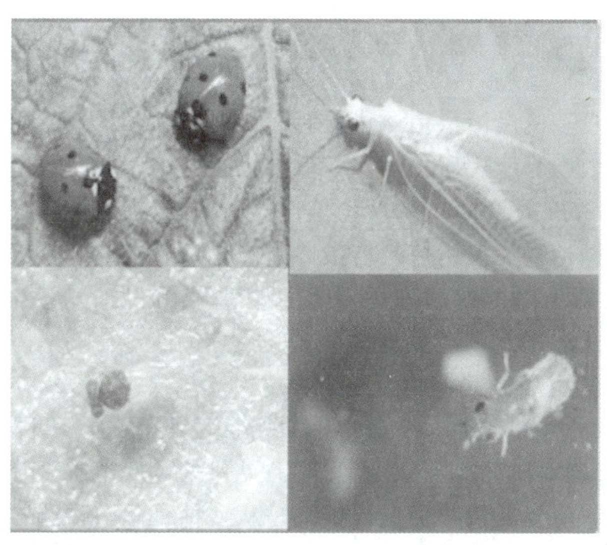

图 7－7　生物防治瓢虫（左上），草蛉（右上），丽蚜小蜂（左下），赤眼蜂（右下）

菌防治马尾松毛虫、大豆食心虫和玉米螟等，绿僵菌防治地下害虫、蝗虫等，苏云金杆菌变种制剂防治多种林业害虫（细菌），病毒粗提液防治蜀柏毒蛾、松毛虫、泡桐大袋蛾等（病毒），放线菌微孢子虫防治舞毒蛾等的幼虫，线虫防治天牛等。②寄生性天敌。主要有寄生蜂和寄生蝇，如赤眼蜂防治玉米螟，寄生蝇防治松毛虫，肿腿蜂防治天牛，花角蚜小蜂防治松突圆蚧等。③捕食性天敌。这类天敌很多，主要分为食虫、食鼠的脊椎动物和捕食性节肢动物两大类。草蛉、瓢虫、丽蚜小蜂防治蔬菜粉虱、蚜虫等，胡瓜钝绥螨、巴氏钝绥螨等防治害螨类等，金小蜂防治越冬棉红铃虫，大红瓢虫防治柑橘吹绵蚧，山雀、灰喜雀、啄木鸟等捕食不同虫态的害虫，黄鼬、猫头鹰、蛇等捕食鼠类。

随着生物防治产品的规范化、商业化，其使用方法一般均以标签形式，在产品包装上说明，使用时可参照说明或通过咨询产品提供者得到技术指导。

（二）免疫诱抗技术

1. 植物免疫诱抗技术 当植物受到外界刺激或遭遇逆境条件如冻害、高温、病原微生物的入侵时，植物能够通过调节自身的防卫和代谢系统产生免疫抗性反应，分泌植保素、水杨酸等多种免疫功能物质，以防御不良环境、抵抗病原菌入侵、抑制病原微生物生长，减缓病害发生发展。

利用植物的这种免疫反应，通过人工合成或提取的免疫诱抗物质，促进植物抵抗病虫危害的技术就是植物免疫诱抗技术。

近年来我国在植物免疫诱抗研究和应用方面都取得了显著的进展，如中国农业大学利用枯草芽孢杆菌诱导了多种农作物对病害的抗性，中国科学院大连化物所利用寡糖诱导多种植物对植物真菌病害的抗性，中国农业科学院植保所利用来源于细极链格孢真菌的激活蛋白诱导多种植物对病毒病及其他植物病害的抗性。这些研究都已形成产品应用于田间，取得了较好的抗病增产效果。

2. 常用免疫诱抗剂 植物免疫诱抗剂的种类很多，目前，生产中应用范围较广的主要是寡糖植物免疫诱抗剂与蛋白质植物免疫诱抗剂。①寡糖植物免疫诱抗剂中，β-葡聚糖是由植物病原菌培养物滤液或酵母抽取液中得到的纯化物，能激发大豆植保素的积累和产生富含羟脯氨酸糖蛋白，在烟草体内可诱导植株对病原体的抗性并激活富含甘氨酸蛋白的表达；几丁质是N-乙酰氨基葡萄糖通过β-1，4键连接而形成的线性多聚糖，其部分脱乙酰化的产物即为壳聚糖，生产上多以海洋甲壳动物外壳为原料，经过脱乙酰化处理后生成壳聚糖，应用最广的是氨基寡糖素。②蛋白质植物免疫诱抗剂是从多种真菌中筛选、分离、纯化出的新型蛋白质，主要包括过敏蛋白、隐地蛋白和激活蛋白等，通过激发植物自身的抗病防虫功能基因表达，增强植物对病虫害的免疫能力并促进植物生长，是一种新型、广谱、高效、多功能生物农药。

3. 免疫诱抗技术应用实例

（1）植物激活蛋白。可用于水稻、小麦、玉米、辣椒、大白菜、烟草、棉花等作物上。植物激活蛋白3%可溶性粉剂1 000倍液连续施用3～4次，苗期种子处理或苗床期喷洒，明显促进幼苗根系生长；营养期、生殖期和成熟期叶面喷施，提高叶绿素含量、花粉受精率、座果率，增加粒数和粒重，瓜果果型均匀，调节植物体内的新陈代谢，激活植物自身的防御系统，对水稻纹枯病、辣椒病毒病、大白菜病毒病、烟草花叶病、棉花枯萎病、白术根腐病等多种农作物主要病害都具有一定的诱抗作用，特别是对病毒病的诱抗效果显著，同时能明显促进作物的生长发育，提高作物的产量和品质。

（2）海洋寡糖。5%氨基寡糖素水剂（正业海岛素）是一种新型海洋寡糖植物免疫诱抗剂，选用特定聚合度的壳寡糖为主要成分，易溶于水，吸收快，活性高，绿色环保，施用后能够快速地与植物细胞结合。在苹果、梨、柑橘等果树上于开花前、幼果期、果实膨大期以800～1 000倍液喷雾3～4次，可有效预防花果期倒春寒，提高坐果率20%～80%，减缓主要病害的发生，提高产量10%以上。在瓜果苗期用海岛素700～800倍喷雾，可促进幼苗在低温下的生长；在苗床上喷施促生作用明显，株高增高快，茎秆加粗快；大田定植后至开花前、座果后喷施1 000倍液喷雾2～3次，促进幼瓜膨大，对病毒病、细菌性病害有良好防效，增产20%以上。在辣椒、番茄等蔬菜作物上用海岛素500倍液浸种，发芽、出苗快而齐整，苗壮；移栽定植后的初花期、盛花期（初果期）、盛果期分别用海岛素1 000倍液各喷雾1～2次，能促进植株发育，预防生理性落花、落蕾，预防早衰，对病毒病、细菌性病害有良好的防治效果，并大大降低真菌性病害的发生，抗病增产达20%以上。

【小知识】

植物免疫机制

植物免疫系统由两级免疫传感器组成，第一级是植物细胞表面可以针对不同微生物的入侵，促使植物细胞分泌出具有抵抗功能的调节蛋白；第二级是植物细胞内本身就存在的特殊抗体蛋白，可以与植物细胞的分泌物一起抵御病原微生物的入侵。植物在遭遇不良环境、病虫危害时，通过激活植物与抗病性相关的代谢途径，产生具有抗菌活性的植保素、水杨酸和茉莉酸等物

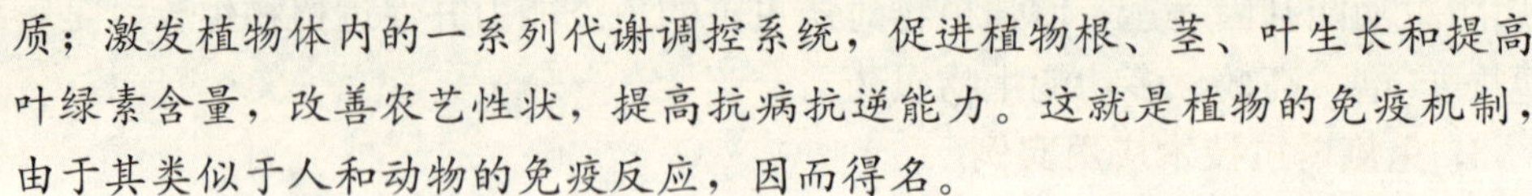
质；激发植物体内的一系列代谢调控系统，促进植物根、茎、叶生长和提高叶绿素含量，改善农艺性状，提高抗病抗逆能力。这就是植物的免疫机制，由于其类似于人和动物的免疫反应，因而得名。

（三）天敌保护利用技术

天敌，通俗讲就是天然的敌人。自然界中某种生物专门捕食或危害另一种生物，在生物群落中的种间关系可以是捕食关系或是寄生关系，天敌是生物链中不可缺少的一部分。在绿色防控技术中，天敌是指人工繁育或保护利用的可以有效控制农作物害虫的生物种类。

1. 天敌的繁育增殖技术 天敌是自然界中存在的，但在实际中天敌数量不足和存在跟随现象等，往往不能满足生产需要。通过天敌的人工扩繁和释放来补充自然界中天敌种类和数量，是目前国内外害虫生物防治普遍应用的技术之一，对于控制害虫和维护生态均可发挥重要作用。天敌的繁育增殖技术，不仅为有效控制害虫提供足够的天敌种群数量，满足生产上害虫防治的需要，而且，部分天敌的工厂化繁育增殖技术，也是实现天敌利用商业化的重要途径。目前，国内外可以进行大量人工繁育的天敌种类很多，如瓢虫、草蛉、猎蝽等捕食性天敌，赤眼蜂、蚜茧蜂、丽蚜小蜂等寄生性天敌和智利小植绥螨、西方盲走螨等各种捕食螨。

2. 天敌的释放应用技术（图 7－8） 天敌释放是天敌有效利用的关键技术。在保证天敌的质量情况下，根据不同的天敌及其害虫的特点，准确把握释放的时机、数量，选择正确的方法是成功利用天敌的关键。根据释放天敌的数量和时机等，可以将天敌释放分为淹没式释放、接种式释放、接力式释放等；从释放的操作方式上可分为人力释放和机械释放等。

为确保天敌释放的有效性，根据不同天敌制订了针对不同作物、不同害虫防治的技术规程。但无论是哪种天敌，控制什么样的害虫，都需要掌握三个关键：一是释放时机的确定。根据对害虫种群动态的监测，准确预防害虫某一虫态出现的高峰时间，根据天敌与害虫相互作用的方式，确定天敌释放的时机。如利用赤眼蜂防治玉米螟，赤眼蜂以卵卡的形式释放，用于寄生玉米螟的卵。因此，要监测玉米螟成虫的产卵高峰，做到蜂卵相遇。二是释放数量的确定。根据害虫种群密度和天敌的控制效率，计算所需释放天敌的数量。从理论上讲，天敌与害虫的数量关系，可以通过功能反应、数值反应模型来计算，但在生产实际中为确保防效，一般会在理论计算的基础上，适当加大释放量。特别是寄生性天敌的释放，多采用淹没式释放，以确保效果。如赤眼蜂防治玉米螟，一般每亩释放赤眼蜂量达 1 万～1.5 万头。三是释放的次数。天敌控制害虫的关键是二者在时间、数量和持续控制能力上的较量。为保证天敌种群占有优势，可以通过多次释放来维持天敌种群的控制能力。如赤眼蜂防治玉米螟，在多年实践的基础上，总结出在东北地区一般释放 2 次为宜。考虑到有效性和经济性平衡，设施栽培条件下，还可以采用接力式释放，以维持天敌种群数量，持续控制害虫。

图 7－8　天敌释放技术

3. 自然天敌保护利用技术　在农业生态系统中，作物、害虫、天敌，以及环境之间构成了一个密切联系的整体。为保护农田生态系统平衡和持续发展，保护和利用害虫天敌资源是最经济有效的害虫防治技术之一。

保护自然天敌是指避免采取对天敌有害的害虫防治措施，重视改善生境，保护生态环境多样性，为天敌提供转换寄主，繁殖和越冬场所及增添食料等。利用自然天敌，就是利用自然天敌分布广、繁殖力强、捕食量大、控制作用显著的特点，达到抑制害虫发生、蔓延并控制其危害的目的。

保护利用自然天敌，首先要树立保护观念。即对害虫要有一定的容忍度，要算防治经济账，把害虫防治控制在经济允许范围内，要适当保留部分次要害虫作为主要害虫天敌食料。其次，增加农田系统生物多样性，在田坎、地边、沟边增种豆类、薯类、玉米或高粱等作物，并保留部分杂草，为天敌创造庇护所；进行一些有益的农事活动，给害虫天敌创造转移的机会。第三是适当调整播种、栽插期，在不误农时的前提下，提前或推迟播种期，避开病虫害发生高峰期。第四是科学使用农药，减少大面积施药。如禁止使用高毒、高残留农药，选用生物制剂和高效、低毒、低残留的新药剂；改进喷药方法，如根部施药、树

干涂药和包扎内吸性药剂等；避开天敌的发生高峰期施药；尽量采取单株挑治的办法等。

案例7－5

释放天敌防治玉米螟

黑龙江省龙江县是全国玉米种植面积最大的县之一，全县玉米面积480万亩。玉米田主要害虫是玉米螟。其绿色防控的技术模式中，最重要的一项就是释放松毛虫赤眼蜂寄生于玉米螟卵技术。根据前期测报调查和玉米生长情况，若玉米螟化蛹率达到20%，则后推10天为第1次放蜂日，间隔5天后第2次放蜂，间隔10天后第3次放蜂。每亩地总放蜂量为15 000头，每次每亩放5 000头，每亩每次放两个点，每点放1块蜂卡。放蜂方法：自上风口开始，从边垄计算起第9垄为第一放蜂垄，此后每隔18垄为1条放蜂垄。在放蜂垄上从地头向内走14米为第一放蜂点，此后每隔28米为1个放蜂点。在放蜂点上，选1株生长健壮的玉米中上部叶片，沿主脉撕成两半，取无主脉的一半叶片，将蜂卡放在叶片背面，卵粒朝下，叶片向下轻轻卷成筒状，然后用线订牢即可。释放松毛虫赤眼蜂寄生玉米螟卵技术防效可达60%以上，配合杀虫灯、白僵菌和BT等总防效可达90%以上。

案例7－6

基地自然天敌利用

浙江萧山舒兰农业有限公司的生产基地面积10 000亩，其中大棚2 000亩，露地8 000亩，通过引进国内外新品种、新技术、新设施，协调运用抗病虫品种、优化作物布局、采取适宜栽培措施等农业防治措施，结合各类生态、物理、化学调控措施，优化农田生态环境。大棚四周种植了万寿菊、牵牛花、向日葵等植物，大棚内悬挂着吊栏式种植的库源作物，各类蜜源植物、库源植物为害虫天敌提供生存场所和食物。除了露天蔬菜性信息素的诱捕器，该基地还应用生物农药防治病虫；改进传统施肥技术，采用肥水同灌、微蓄微灌等技术，改善棚内生态环境；使用配方肥和生物有机肥、沼液等，降低化学农药使用强度，有效控制了基地各种病虫发生与危害。

（四）微生物农药应用技术

微生物农药主要指活体微生物农药，是利用微生物或其代谢产物来防治危害农作物的病、虫、草、鼠害及促进作物生长的一类生物农药，包括以菌治虫、以菌治菌、以菌除草等。这类农药具有选择性强，对人、畜、农作物和自然环境安全，不伤害天敌，不易产生抗性等特点。据查，目前登记的、在有效期的微生物农药品种 451 个，这些微生物农药包括细菌、真菌、病毒、病源线虫及其代谢物。

1. 真菌类微生物农药 目前登记的有白僵菌、绿僵菌、耳霉菌、木霉菌、寡雄腐霉、淡紫拟青霉及其复配剂等。主要用作杀虫剂、杀菌剂以及杀线剂。其中，球孢白僵菌产品主要用于防治松黑天牛、竹蝗、美国白蛾和蛴螬等害虫，绿僵菌用于防治蝗虫和蟑螂，厚孢轮枝菌和淡紫拟青霉主要用于防治根结线虫，块状耳霉菌用于防治蚜虫。真菌类微生物农药目前登记数量较少，但应用前景广阔。

2. 细菌类微生物农药 目前登记数量最多，应用最广。主要有苏云金杆菌、枯草芽孢杆菌、腊质芽孢杆菌、荧光假单孢杆菌、多粘类芽孢杆菌等。其中，苏云金杆菌是目前应用最为广泛的品种，约占到全部生物农药使用量的 90%，可用于防治小菜蛾、菜青虫、甜菜夜蛾、斜纹夜蛾、茶毛虫、茶尺蠖、棉铃虫、稻苞虫、稻纵卷叶螟、枣尺蠖、玉米螟、苹果巢蛾和天幕毛虫等多种鳞翅目害虫；多粘类芽孢杆菌可用于防治番茄、烟草、辣椒、茄子青枯病；枯草芽孢杆菌可用于防治黄瓜白粉病、草莓白粉病和灰霉病、水稻纹枯病和稻曲病、三七根腐病和烟草黑胫病等，还可用于调节水稻生长、增产；蜡质芽孢杆菌可用于油菜抗病、壮苗、增产，还可用于防治水稻纹枯病、稻曲病和稻瘟病、小麦纹枯病和赤霉病、姜瘟病等；荧光假单胞杆菌可用于防治番茄青枯病、烟草青枯病和小麦全蚀病；类产碱假单孢菌可用于防治草场牧草草地蝗虫。

3. 病毒类微生物农药 目前该类微生物农药登记也较多，其命名主要依据病毒的形状和目标害虫种类而定，如松毛虫核型多角体、斜纹夜蛾质型多角体、棉铃虫颗粒体等。其中，苜蓿银纹夜蛾核型多角体病毒可用于防治十字花科蔬菜等多种作物甜菜夜蛾；斜纹夜蛾核型多角体病毒可用于防治十字花科蔬菜等多种作物斜纹夜蛾；棉铃虫核型多角体病毒可用于防治危害多种作物的棉铃虫；茶尺蠖核型多角体病毒可用于防治茶树茶尺蠖；油桐尺蠖核型多角体病毒可用于防治茶树茶尺蠖；小菜蛾颗粒体病毒可用于防治十字花科蔬菜小菜蛾；菜青虫颗粒体病毒可用于防治十字花科蔬菜菜青虫；草原毛虫核多角体病毒可用于防治草原毛虫等。

4. 昆虫病原线虫类微生物农药 昆虫病原线虫指以昆虫为寄主的致病性线虫。其作用方式是昆虫病原线虫以侵染期虫态存活于土壤中，寻找或入侵昆虫寄主。每种病原线虫都会与一种属肠细菌科嗜线虫致病杆菌属的细菌共生，当线虫进入昆虫体内后，肠内共生菌会在昆虫的血体腔中大量繁殖，产生毒素致昆虫死亡，并分解昆虫组织，从而起到防治害虫的作用。

线虫对昆虫寄主有严格的识别机制，线虫的识别机制可防止大量线虫聚集在同一寄主体内而出现竞争。目前，国际上常用于防治害虫的线虫主要属于斯氏线虫科斯氏线虫属和异小杆线虫科异小杆线虫属。用昆虫病原线虫防治果树害虫、蔬菜害虫和草坪害虫，已取得一些成果，但现在我国还没有病原线虫的相关农药登记。

【小知识】

微生物农药研究进展

微生物农药是生物农药中很重要的部分，具有来源广泛、对人畜和非靶标生物安全、环境兼容性好、不易产生抗性等优点。因此，一直是国内外研究热点。微生物农药的研究主要围绕着细菌、真菌、病毒和生物除草剂等开展。①细菌杀虫剂是用对某些昆虫有致病或致死作用的杀虫细菌及其所含有的活性成分制成的生物杀虫制剂。目前被开发成产品、投入实际使用的主要有4种，即苏云金芽孢杆菌、球形芽孢杆菌、日本金龟子芽孢杆菌和缓病芽孢杆菌。②真菌杀虫剂在杀虫微生物中所占种类最多，已发现的杀虫真菌约100多个属，800多个种。美国最早开始应用，其后日本、巴西、英国等也开始应用白僵菌、黄僵菌等防治农林害虫，并且逐渐把虫生真菌发展为一类微生物杀虫剂。③世界各国已有60多种病毒进入大田进行防治农林害虫试验，30多种病毒杀虫剂进行了登记、注册及生产应用。④世界各国的研究机构相继研究与开发出一系列的具有除草潜能的生物有机体。按照发展生物除草剂的标准，有望作为候选或已发展成生物除草剂的有36种，已经使用并商品化或极具潜力的有19种。随着对微生物分子生物学和遗传学的深入研究，构建具有综合优良性能的重组菌株成为国内外微生物农药制剂发展的一个重要方向。

（五）植物源农药应用技术

植物源农药是生物农药的一个重要组成部分。植物源农药是来源于植物体

（人工栽培或野生植物）的农药，包括从植物中提取的活性成分、植物本身和按活性结构合成的化合物及衍生物，其有效成分通常是植物有机体中的一些、甚至大部分有机物质。植物源农药类别有植物毒素、植物内源激素、植物源昆虫激素、拒食剂、引诱剂、驱避剂、绝育剂、增效剂、植物防卫素、异株克生物质等。植物源农药产品中往往含有大量的有机酸、酚类、矿物质及激素，这些物质不但可调节作物的生长发育，也可诱导作物产生抗病性或抗逆性。如苦参碱及其制剂可刺激黄瓜根系生长，还可提高小麦旗叶中蔗糖磷酸合成酶的活性，促进蔗糖的合成，从而达到提高产量、改善小麦品质的作用；印楝素提取后的印楝渣可作为一种优良的有机肥料，不仅可以改良土壤、调节土壤有益微生物菌群，同时印楝渣降解产物对线虫还有毒杀作用；大蒜素、鱼藤、莨菪烷碱等不仅具有杀虫或抑菌活性，还对多种蔬菜及粮食作物具有丰产、增产效果；丁香酚及其制剂能够诱导烟草体内抗病相关防御酶活性及病程相关蛋白表达，同时还对作物生长具有刺激作用；苦豆子生物碱能够在番茄营养期促进生长，生殖期促进果实增产，对果实品质无不利影响。与化学合成等其他类农药相比，植物源农药具有环境友好、生物活性多样、作用方式特异、对非靶标生物安全、不易产生抗药性、促进作物生长并提高抗病性、种类多、开发途径多等特点。目前，在瓜、果、蔬菜、特种作物（茶、桑、中草药、花卉等）及有机农业领域得到应用的植物源农药有除虫菊素、苦参碱、印楝素、苦皮藤素、鬼臼毒素、川楝素、雷公藤生物碱、孜然杀菌剂、大黄素甲醚等。

植物源农药多为专一性药剂，且大多具有“特殊活性”，因此，在使用时要从剂型、使用次数、使用浓度、间隔期及合理混用等方面综合考虑，把握以下原则：一是对症下药，根据有害生物的类别和生物学特性合理选用相应的药剂种类，根据药剂性能把握住合适的使用剂量。二是根据有害物发生发展规律与危害特征，适时施药，由于药效发挥相对较为缓慢，一般宜提早预防用药或于病虫害发生初期施药。三是适法施药，植物源农药主要用于经济作物，也可用于绿色、有机基地的大田作物，大田用药则以全覆盖喷施为主；设施农业（如大棚蔬菜）则可采用低容量、超低容量、热雾、喷烟、静电法用药；果园、枸杞田等大面积田块，可用大型机械喷施；蔬菜、花卉、中草药等田块，可用手动机械喷施。四是根据药剂特点灵活用药，植物源杀虫剂主要起胃毒作用，大多无触杀和内吸作用，因此宜于晴天下午 4 点至傍晚施药，以尽量延长药剂在植物表面的粘附时间，若药后下雨则重新施药。除虫菊素、川楝素、印楝素等均易光解，应避免在强光高温下使用。五是注意使用技巧，使用二级稀释法配制喷雾液，稀释用水的温度至少 20℃以上，注意稀释用水的碱度（影响分散性及有效成分的稳定性）。

【小知识】

植物源农药的制备

植物源农药是从植物中提取出来的，一般需要经过对植物的烘干粉碎，对干粉的有机溶解，对总提取物的酸提、碱析，对粗提物的精炼等制备过程，才能得到有效的农药活性物质，再和相应的助剂等进行科学调配，才能形成可以生产上使用的植物源农药制剂。

以雷公藤农药制备为例，雷公藤主要活性成分是生物碱，因此根据生物碱特性，设计提取路线。提取时首先将雷公藤根皮烘干后粉碎到20目左右，称取定量根皮粉，用一定量的有机溶剂进行提取，提取液经浓缩得到浸膏，浸膏先经过酸提取，再用碱调整pH值，析出雷公藤粗生物碱，该粗碱经重结晶等精制后得到雷公藤生物碱成品。在整个提取过程中，影响提取收率的因素主要有提取方法、提取溶剂、酸碱种类及浓度等。

案例7－7

植物源农药在绿色食品生产上的应用

植物源农药苦参碱是指从苦参中提取的全部物质（苦参提取物或者苦参总碱），具有杀虫活性（麻痹神经中枢）、杀菌活性（对许多病原真菌的菌丝生长和孢子萌发具有抑制作用）、调节植物生长功能等多种功能。通过触杀和胃毒作用，苦参碱主要防治各种松毛虫、茶毛虫、菜青虫、蚜虫、茶小绿叶蝉、白粉虱等害虫。防治水稻纹枯病，每公顷用药量300～450克，一般应比化学农药提前一至二个龄期，叶面喷雾；防治水稻条纹叶枯病，每公顷用药量205～308克，于水稻秧田期叶面喷雾。防治梨树黑星病以预防为主，在新梢初现期600～800倍液，均匀细致全株喷施；病害初发生期200～300倍液全株喷施，控制病情扩展。防治黄瓜霜霉病，病害发生初期施用，每公顷用药量5.4～7.2克，均匀细致，叶面喷雾。

（六）农用抗生素应用技术

农用抗生素是一类由微生物发酵产生、具有农药功能、用于农业上防治病虫草鼠等有害生物的次生代谢产物。放线菌、真菌、细菌等微生物均能产生农用抗生素，其中放线菌产生的农用抗生素最多。目前广泛应用的许多重要农用抗生素都是从链霉菌属中分离得到的放线菌所产生的。与一般化学合成农药相比，农用抗生素属生物农药，具有结构复杂、活性高、用量小、选择性好、易被生物或自然因素所分解，不在环境中积累或残留等特点，是今后减少化学农药使用的重要途径。农用抗生素按用途区分，有杀菌剂、杀虫剂、杀螨剂、除草剂和植物生长调节剂，其中较为突出的杀虫杀螨剂有阿维菌素、浏阳霉素等，杀菌剂有井冈霉素、春雷霉素、多抗霉素、申嗪霉素、中生菌素、宁南霉素、梧宁霉素、武夷霉素、农抗 120 等，生长调节剂有赤霉素，除草剂有双丙氨膦等。

【小知识】

微生物农药与农用抗生素的区别

①定义不同。微生物农药是利用微生物和其代谢产物来防治危害农作物的病、虫、草、鼠害及促进作物生长的一类农药，它包括以菌治虫、以菌治菌、以菌除草等。农用抗生素是由微生物发酵产生、具有农药功能、用于农业上防治病虫草鼠等有害生物的次生代谢产物。②分类不同。我国参照FAO和美国印A的技术标准并结合国内生物农药产品结构和特征，提出的生物农药范畴包括4个方面：一是生物化学农药（农用抗生素、信息素、激素、生长调节剂）；二是微生物农药（真菌、细菌、昆虫病毒、原生动物）；三是转基因生物农药（利用遗传工程改变基因结构的抗虫、抗病、抗逆生物）；四是天敌生物农药（寄生性天敌、捕食性天敌）。③有效成分不同。微生物农药的有效成分是活体，生活体本身和其代谢物共同起作用，而抗生素的主要成分是代谢产物，不是活体。

案例7-8

农用抗生素农药应用实例

1. 井冈霉素防治纹枯病。防治水稻纹枯病，一般在水稻封行后至抽穗前期或盛发初期，每次每亩用 5%可溶性粉剂 100～150 克，对水 75～100 千克，针对水稻中下部喷雾或泼浇，间隔期 7～15 天，施药 1～3 次。防治小麦纹枯病，100 千克种子用 5%水剂 600～800 毫升，对少量的水，搅拌均匀，堆闷几小时后播种；也可在田间病株率达到 30%左右时，每亩用 5%井冈霉素水剂 100～150 毫升，对水 60～75 千克喷雾。防治玉米纹枯病，田间病株率达到3%～5%时（发病初期），每亩用5%井岗霉素水剂400～500毫升，对水50～70千克喷雾，隔7～10天再防治1次。施药前要剥除病叶叶鞘，或于发病初始期，每公顷用5%井冈霉素水剂3 000克拌过筛无菌细土300千克，点入玉米喇叭口内。

2. 申嗪霉素防治枯萎病、疫病等各种作物的土传病害。防治西瓜枯萎病，移栽时用500～1 000倍灌根，每株250克药液，每隔5～7天灌1次，连灌2～3次。防治辣椒疫病，于田间发病率在3%～5%时，每亩使用50～120克药液，对水后喷雾，喷匀打透。

3. 宁南霉素防治病毒病、根腐病等。防治烟草病毒病，于苗床期、移栽后10～15天、现蕾期，2%宁南霉素水剂用药量50～75克每公顷，喷雾施用。防治辣椒病毒病，于发病前或发病初期用药，按90～120克每公顷，喷雾施用。防治大豆根腐病，用药量18～24克每公顷，播前拌种，发病初期或移栽幼苗期及时喷施，促进病株新根发生，增强植株抗病性。

（七）生长调节剂应用技术

生长调节剂包括人工合成的对植物的生长发育有调节作用的化学物质和从生物中提取的天然植物激素。按照登记批准标签上标明的使用剂量、时期和方法使用后，能有效调节作物的生育过程，如促进或打破休眠、促进或抑制种子萌发、疏花疏果和保花保果、诱导花芽分化、促进果实成熟着色等，从而达到稳产增产、改善品质、增强作物抗逆性等目的。现已发现的具有调控植物生长和发育功能的物质有胺鲜酯（DA－6）、氯吡脲、复硝酚钠、赤霉素、乙烯利、细胞分裂素、吲哚丁酸、脱落酸、油菜素内酯、2，4－滴、三十烷醇、多效唑、水杨酸、茉莉酸和多胺等，主要是前9大类作为植物生长调节剂被应用在农业生产中。生长调节剂具有用量小、速度快、双调控等特点，但使用效果易受气候条件、施药时间、用药量、施药方法、施药部位以及作物本身的吸收、运转、整合和代谢等多种因素影响。使用中要注意：①对症选用，根据目标作物品种和生长调节剂的功能对症选择。②严格把握用量，不能随意加大。严格按药剂标签使用说明使用适宜的浓度，有的生长调节剂不同浓度有不同的调节作用，低浓度下有促进作用，而在高浓度下则变成抑制作用，如随意加大用量或使用浓度，就可能使作物生长受到抑制，甚至导致叶片畸形、干枯脱落、整株死亡。③不能随意混用，如乙烯利药液通常呈酸性，不能与碱性物质混用；胺鲜酯遇碱易分解，不能与碱性农药、化肥混用。④使用方法要得当。生长调节剂使用量小，使用前最好先稀释成母液再配制成需要的浓度，否则可能影响使用效果。

【小知识】

植物调节剂种类与作用

植物生长调节剂有很多用途，因品种和目标植物而不同。例如，控制萌芽和休眠的胺鲜酯（DA－6）、氯吡脲、复硝酚钠、芸苔素内酯、赤霉素等；促进生根的吲哚丁酸、萘乙酸、2，4－滴、比久、多效唑、乙烯利等；控制开花或雌雄性别，诱导无子果实，如乙烯利、萘乙酸、吲哚乙酸、矮壮素、赤霉素等；促进或抑制花芽形成的乙烯利、赤霉素、比久、萘乙酸，2，4－滴、矮壮素等；促进细胞伸长及分裂的氯吡脲、噻苯隆等；疏花疏果或保花保果的萘乙酸、乙烯利、赤霉素、2，4－滴、胺鲜酯（DA－6）、氯吡脲、复硝酚钠等；促进果实成熟的胺鲜酯（DA－6）、氯吡脲、复硝酚钠、乙烯利；延缓果实成熟的2，4－滴、赤霉素、比久等；脱叶或催枯（便于机械采收）的噻苯隆等；还有增强抗逆性（抗病、抗旱、抗冻等）、切花保鲜的氨氧乙基乙烯基甘氨酸，氨氧乙酸等。某些植物生长调节剂以高浓度使用就成为除草剂，如2，4－滴丁酯，而某些除草剂在低浓度下也有生长调节作用。

案例7－9

生长调节剂在作物增产、抗逆方面的应用

1. 赤・吲乙・芸苔应用于果树、蔬菜、食用菌等，用量3克/亩（20 000～30 000倍），展叶期或落花80%后叶面喷雾1次，间隔20～30天再施1次，能诱导植物产生抗病相关蛋白和生化物质（如过氧化物酶等），增强植物对霜霉病等的抗病能力；有效激活作物体内的甲壳素酶和蛋白酶等，缓解药害、冻害等自然灾害。

2. 噻苯隆应用于葡萄，花前10天左右，用50%噻苯隆可湿性粉剂30毫升/瓶对水50千克喷施果穗，喷施时以喷湿不滴药液为宜，可保花保果，提高坐果率，拉长果穗。花后15～20天生理落果后，果粒约黄豆大时，用50%噻苯隆可湿性粉剂30毫升/瓶对水10千克浸蘸果穗2～3秒，可增大果粒，无果柄变硬问题，提高商品性，增强耐贮性。

四、生态控制技术

（一）生态控制技术定义

农作物栽培过程中，农作物种植的生态条件包括土壤、危害农作物的病虫害种类、天敌种类和数量、周围的植被环境、气象情况等，各种生物和非生物之间构成了一个区域生态系统，在这个系统中的生物与生物、生物与环境各因素之间互相联系、互相影响。生态环境里，生物群落结构越复杂，其稳定性也越大，如周围植被丰富、生态环境复杂的果园，病虫害大发生的几率就较小；大面积单一栽培的果园，某些病虫流行和扩散的几率就大。生态控制技术是在清楚当地气候因素、土壤条件与作物生长发育的关系以及对病虫发生的影响的前提下，充分保护和利用作物生态系统中生物多样性的自然调控作用，以农作物为主体，通过调整作物生态系统多样性、作物多样性、病虫种群结构等，阻断病虫害传播途径，改善作物受光条件和温湿度小气候，创造有利于有益生物种群稳定增长、抑制有害生物暴发成灾的环境，减轻农作物病虫害压力和提高产量的技术措施。

（二）生态控制技术的组成

从生态控制的定义可知，生态控制技术就是增加农田生态系统多样性，并使各生态因子达到平衡状态，提高生态系统稳定性的技术。针对不同的农作物、不同的种植环境，生态调控的技术组成各异，但基本包括以下几个组成部分：

1. 生态环境因子控制技术　对农田生态系统中各种环境因子的控制技术，如温度、水分、土壤等的控制技术。特别是在设施栽培条件上，温室的温湿度控制、温室内土壤理化性状、肥力的控制等都是生态控制技术的组成部分。

2. 植物的多样性控制技术　作物生产中总是以某种作物为主，但为了增加系统的稳定性，需要进行多样性种植，可以是作物遗传的多样性，也可以是作物种类的多样性。如多品种混种、在田边地头种植与主要作物不同的其他作物等。

3. 害虫-天敌控制技术　生态系统中没有消费者就不是一个完整的系统，也是一个不稳定的系统。植物-害虫-天敌以及环境因子构成了系统的生物链。人类获取某种经济利益的时候，系统的平衡就会受到影响，为减少这种影响对经济利益的损害，就要人为地增强生物链中的某些环节，以期达到平衡。为了减少害虫的危害，需要增加天敌的数量，改善天敌生存环境。

（三）常用生态控制技术

1. 增加生态系统多样性技术 一是增加农田生态系统的群落多样性，如在我国一些水稻主产区实施的稻-鸭、稻-蟹共育以及稻-灯-鱼等生产方式就是农田生态系统的群落多样性例子。二是增加作物的多样性，大范围内合理布局作物生长环境，包括间作、套种、立体栽培等措施，以及利用诱虫植物、蜜源植物、绿肥作物等在田间、水渠沟边、果园行间建立篱墙或覆盖作物等，提高有益生物的种群数量，调节园内温湿度等小气候，为瓢虫、草蛉等天敌的栖息和繁殖创造良好生态环境。三是增加作物品种的多样性，包括种植同一作物的不同抗性品种等，如在我国西南稻区推广不同遗传背景的水稻品种间作，利用病菌稳定化选择和病害生态学原理，可以有效地减轻稻瘟病的发生与流行。

2. 生态工程技术 生态工程是人类应用生态学和系统学等学科的基本原理和方法，通过系统设计、调控和技术组装，对已破坏的生态环境进行修复、重建，对造成环境污染和破坏的传统生产方式进行改善，并提高生态系统的生产力，从而促进人类社会和自然和谐发展。

按照生态工程原理，根据农田生态系统的实际，设计保护生态系统健康的技术路线，并采取相应的技术措施。一般而言，农田生态系统设计以田间生态环境调节为手段，通过创造不利于害虫而有利于天敌的环境，采用抗性品种、引诱植物、农业措施、生物因子和信息物质等不利害虫的技术措施，达到构建和恢复生态系统健康的目标。

【小知识】

生态系统与农业生态系统的区别

生态系统指由生物群落与无机环境构成的统一整体，生物群落包括生产者、消费者和分解者，无机环境包含阳光以及其他所有构成生态系统的基础物质，水、无机盐、空气、有机质、岩石等。农业生态系统是在一定时间和农业地域内，由相互作用的生物因素和非生物因素构成的功能整体，在人类生产活动干预下形成的人工生态系统，由农业环境因素、生产者、消费者和分解者四大基本要素构成。农业环境因素一般包括光能、水分、空气、土壤、营养元素和生物种群，以及人和人的生产活动等；生产者指绿色植物，如各种农作物和人工林木等；消费者包括草食动物、肉食动物、杂食动物、寄生动物和腐生动物等；分解者主要指依靠动植物残体生存、发育、繁殖的各种微生物，包括真菌、细菌和放线菌等。农业生态系统可以看成是自然生态系统与人类社会的经济系统复合而成的复杂生态系统，农业生态系统受人为因素影响大，动植物种类稀少，种植结构比较单一，对自然生态系统存在依赖和干扰，稳定性较自然生态系统差。

案例7－10

生态控制技术应用实例

1. 小麦条锈病源头治理技术 西北、华北、西南等冬小麦条锈病发生区，守住越夏菌源控制、秋苗病情控制和早春应急防治三道防线。①越夏菌源控制技术包括退麦改种和结构调整，即在条锈病越夏区及秋苗发病区，将海拔1 500米以上山区的小麦退出种植，改种成其他高效粮食作物及经济作物，以减少条锈病越夏区面积；自生麦苗铲除是在小麦收获1月后至播种前，深翻田地并耙耱，减少条锈病越夏寄主。②秋苗病情控制技术包括抗性品种合理布局，即选择田间3～5年内均表现良好抗性的品种进行布局，每个不同生态区至少布局5个以上抗性较好的品种，实现品种多样性；适期晚播即在气候允许、不影响小麦正常出苗及能够安全越冬的前提下，将小麦播种期较正常年份适当推迟7～15天，以减少秋苗感病几率。③秋播药剂拌种、秋苗至返青期专业化防治是最后一道防线。

2. 东亚飞蝗生态治理技术 山东、河南、河北、天津等省市，利用生物多样性技术和东亚飞蝗滋生地生态改造技术，在沿海、滨湖、黄河滩涂区和撂荒地、农田夹荒地等东亚飞蝗的最适生环境，开挖滩涂鱼塘，植树造林，封育草场，夹荒地垦荒，种植棉花、蔬菜、果树、大豆、水稻、香花槐、苜蓿、中草药、牧草等东亚飞蝗不喜食植物，营造不利于蝗虫生长发育的生态环境，控制东亚飞蝗发生危害。

3. 水稻生态工程控制害虫技术 稻区田边种植诱虫植物香根草和苏丹草，利用其对螟虫的诱集效应进行诱杀，从而减少螟虫对水稻的危害；田埂按一定间隔分批种植芝麻，田块间种植芝麻、茭白，田边留草留花及冬季种植绿肥等，保护稻田生物多样性，为害虫天敌提供了替代寄主、食料和庇护所，增加了寄生蜂、蜘蛛等寄生性和捕食性天敌的数量，抑制稻飞虱等害虫的发生。

稻-鸭共育的立体型稻田种养复合生态系统模式，即把种植水稻与动物养殖按一定结构组合在同一生态系统中，水稻品种因地方特征而定，以株型紧凑、生长势强、抗倒伏的优质水稻品种最佳，比如双季稻区的早籼稻、杂交粬稻，或单季稻区的中晚稻品种；鸭以中小役用型肉鸭品种为主，一般对雏鸭进行10天左右的训水，在水稻有效分蘖结束后全天候放养于稻田，水稻抽穗扬花后收回成品鸭，稻-鸭共生60～70天。共生期间，鸭子以昆虫、水生动物、杂草和水稻枯叶为主要食物，鸭子的排泄物、作物秸秆、有机肥为水稻生长提供所需养分，对稻飞虱、稻纵卷叶螟、二化螟、黏虫等有明显的控制作用。

4. 果园生草 果树行间种植三叶草、紫花苜蓿、百脉根、沙打旺、紫云英、绿豆、黑豆、毛苕子等豆科植物，单播或两种混播。于春季4月中旬至5月中旬或秋季8月中旬至9月中旬，条播或撒播。白三叶草单播用种量0.5～0.75千克/亩；毛苕子单播每亩2～2.5千克。生草高度超过30厘米时，应及时割减，留茬10厘米左右，割下的草体平铺在地面或树盘，能提高土壤有机质含量，调节果园湿温度，增加了蓟马、草蛉、瓢虫、隐翅甲、小花蝽、蜘蛛等天敌的种类和数量（图7-9）。

图7-9 果园生草技术

五、其他生物技术

随着生物技术的迅速发展，在农作物病虫害防治方面也出现了一些可喜的进展。

（一）转基因技术的应用

转基因技术的理论基础是进化论衍生而来的分子生物学。基因片段来源于特定生物体基因组中所需要的目的基因，或人工合成的指定序列的 DNA 片段。DNA 片段被转入特定生物中，与其本身的基因组进行重组，再从重组体中进行数代的人工选育，从而获得具有稳定表现特定遗传性状的个体。该技术可以通过重组生物获得人们所期望的新性状，培育出新品种。农业上利用转基因技术培育了一系列的转基因品种，如在我国成功应用的转基因抗虫棉花。

（二）基因编辑技术的应用

基因编辑技术指能够让人类对目标基因进行“编辑”，实现对特定 DNA 片段的敲除、加入等。CRISPR/Cas9 技术自问世以来，就有着其他基因编辑技术无可比拟的优势，在不断改进后，更被认为能够在活细胞中最有效、最便捷地“编辑”任何基因。通过对作物品种进行基因编辑，创制或改造品种抗病虫性状，或对害虫进行基因编辑，使其丧失危害功能，从而达到防治病虫害的目的。

（三）RNA 干扰技术的应用

RNA 干扰也叫基因沉默，指在进化过程中高度保守的、由双链 RNA 诱发的、同源 mRNA 高效特异性降解的现象。目前基因沉默主要有转录前水平的基因沉默（TGS）和转录后水平的基因沉默（PTGS）两类。TGS 指由于 DNA 修饰或染色体异染色质化等原因使基因不能正常转录；PTGS 启动了细胞质内靶 mRNA 序列特异性的降解机制。由于可以特异性剔除基因或关闭特定基因的表达，所以该技术可用于作物抗病虫基因功能的增强和有害生物功能失活等领域。

（四）害虫辐射不育技术

昆虫不育技术利用遗传学的方法防治害虫，其优点是不污染环境，害虫不易产生抗性，而且对有害生物的防控效果迅速，甚至可在几个世代内导致害虫种群的下降、基本消灭或更替。其做法是将一种不育的昆虫，释放到害虫的野生种群中去，不育昆虫与野生昆虫交配后，产生不育卵。目前不育技术防治包括辐射不育、化学不育、杂交不育、胞质不亲和性及染色体易位等，研究较多的是辐射不育。辐射不育是利用辐射源对害虫进行照射处理，在昆虫体内产生显性致死突变（即染色体断裂导致配核分裂反常），产生不育并有交配竞争能力的昆虫。然后，因地制宜的将大量不育雄性昆虫投放到其野外种群中去，使卵不能孵化或即使能孵化但因胚胎发育不良而死亡，最终可达到彻底根除该种害虫的目的。目前，该项技术研究已取得较大进展，有些已进入实用阶段。

思考与训练

1. 生态系统有哪几个部分构成？
2. 保持生态平衡与病虫害综合防治有什么关系？
3. 农业生态系统有什么特点？

模块八 农作物病虫害绿色防控技术集成模式

学习目标

通过学习知道如何进行绿色防控技术集成；明白技术集成的标准化途径和意义；能够准确评价集成技术模式。

一、绿色防控技术集成的内涵

技术集成是指按照一定的技术原理或功能目的，将两个或两个以上的单项技术通过组合而获得具有统一整体功能的新技术的创造方法。通过集成可以实现单个技术实现不了的技术需求目的。绿色防控技术集成，就是为达到绿色高效的病虫防控目标所采取的多种绿色防控单项技术的科学组合、合理搭配和标准化的特定技术模式。根据模式特点，可以分为以靶标防控为目标的技术模式，以作物为核心的全程防控技术模式等。

（一）为什么进行技术集成

1. 功能需要 农业生态系统是一个不稳定的生态系统，由农作物、病虫等生物和它们所处的环境共同组成。农作物病虫害种类多，发生情况复杂，具有明显的区域性、多样性和叠加性特点。在不同地区同一作物有不同的病虫害，在同一种作物上有多种不同的病虫种类，在同一时间或作物生长阶段可以同时发生多种病虫害。因此，要保证作物健康生长，不受这些病虫害的影响，就需要一个可以解决以上问题的集成技术模式。

2. 生产需要 农业生产的目的是为了给广大人民群众提供优质农产品，满足人民日益增长的对质优、价廉、种类丰富的农产品的需要。要达到这一目的，就要采用绿色集成技术模式，尽量减少对化学农药的依赖和过度使用。

3. 技术进步的结果 绿色防控是环境友好、技术先进的植保技术的集合体。与过去比，我们的多种绿色防控技术更加成熟，多种植保机械产品更加丰富，我们可以在较大程度上采用新技术，达到防治病虫害的目的。

4. 农业现代化的要求　我国现在处于中国特色的社会主义初级阶段，要实现全面小康，要向社会主义现代化强国迈进，农业现代化是重要的内容之一。农业现代化包括农业生产的物质条件和技术的现代化，利用先进的科学技术和生产要素装备农业，实现农业生产机械化、电气化、信息化、生物化和化学化，以及农业组织管理的现代化，实现农业生产专业化、社会化、区域化和企业化。而绿色防控技术集成是实现农业现代化的重要手段。

（二）技术集成的基本原则

1. 经济有效原则　无论是化学防控还是绿色防控，首先要遵循收益大于、等于投入的原则。

2. 生态环保原则　即生产安全的需要，生态平衡需要和产品品质的需要。在集成技术时要考虑生态系统构成，特别是病虫害防治要考虑整体，强调系统平衡。

3. 时空接续原则　绿色防控措施要与蜜蜂授粉相接续，绿色防控的各单项技术如农业防治、物理防治、生物防治和科学用药等要根据时间和空间序列进行组合，以满足全生育期病虫防治的需要。

4. 轻简化原则　技术集成的目的是为了推广应用，可推广的技术一定是比较简便易行的。高强度、人工密集的措施在目前很难推广。

5. 标准化原则　技术集成的成果是适应特定条件的技术模式。一种模式可否大范围推广，就要看是不是具备标准化的的水平。标准化是技术集成的标尺。

【小知识】

生态系统构成与绿色防控的关系

生态系统是指在自然界的一定的空间内，生物与环境构成的统一整体，在这个统一整体中，生物与环境之间相互影响、相互制约，并在一定时期内处于相对稳定的动态平衡状态。生态系统的范围可大可小，相互交错，最大的生态系统是生物圈，最为复杂的生态系统是热带雨林生态系统，人类主要生活在以城市和农田为主的人工生态系统中。

生态系统的动态平衡叫生态平衡，是指在一定时间内生态系统中的生物和环境之间、生物各个种群之间，通过能量流动、物质循环和信息传递，使它们相互之间达到高度适应、协调和统一的状态。

绿色防控以生态学原理为基础，把有害生物作为其所在生态系统的一个组成部分来研究和控制；强调各种防治方法的有机协调，尤其强调最大限度地利用自然调控因素，尽量减少使用化学农药；强调对有害生物的数量进行调控，注重生态平衡，不强调彻底消灭；防治措施的选择和防治策略的决策全面考虑经济效益、社会效益和生态效益。

因此，生态系统是绿色防控的基础，农业生态系统的结构和其各要素的动态平衡是进行绿色防控的基础。绿色防控是为了保持生态系统的平衡，只有生态系统保持平衡，各种病虫害才能和作物“和平共处”，不造成对农作物的危害。

二、绿色防控技术集成模式

进行绿色防控技术的集成，不仅要坚持集成原则，还要掌握方法。绿色防控技术集成的方法，就是要有明确的目的，针对主要的对象，采用优化的技术，通过试验验证，在生产上推广应用。

①确定主要区域。农业有区域性，不同区域同一作物上的主要防治对象不一样，同一防治对象在不同的地区、同一作物上的发生规律也有区别。所以，应确定集成技术模式的主要应用区域。

②明确主要对象。病虫害种类繁多，据统计，我国农业病虫害等有害生物有1 700余种。以小麦为例，主要病虫害有100多种，但在我国主要小麦产区，如在我国黄淮麦区，小麦的主要病虫只有“四病四虫”，即小麦条锈病、赤霉病、纹枯病、白粉病、蚜虫、叶螨、吸浆虫、地下害虫等。

③掌握发生规律。明确了主要防治对象后，针对主要病虫害的生活史、发生规律，通过认真分析，找出其最薄弱的环节作为突破点，为选用相应的绿色防控技术措施提供参考。

④优化关键技术。同一个靶标可以有多种防治技术，优化时既要考虑防效，又要考虑经济性和其他技术的协调性等。例如，防治小麦吸浆虫，可以在其幼虫期通过撒毒土的方式防治，也可以在成虫期喷雾防治。为了更绿色、更环保，应选择成虫期防治，因其对各种药剂的敏感性高，所以尽量选用生物农药，如植物源杀虫剂等。

⑤集成配套技术。找到每个主要对象的优化关键技术以后，还要通盘考虑作物全生育各个环节、不同病虫防治的技术措施，形成全程解决方案，力求达到经济有效、生态环保的目标。

⑥试验示范推广。当全程的、集成的技术方案做出来以后，要通过试验，完善和验证技术可行性。当小面积试验可行后，才能通过示范，展示技术集成的效

果，在更大面积、更大范围内推广应用。

（一）小麦病虫绿色防控技术模式及案例

小麦是我国的主要粮食作物之一，是重要的口粮作物。按照种植分布区域，我国主要分华北麦区、黄淮麦区、长江中下游麦区、西北麦区和西南麦区。不同麦区的生态特点、耕作制度各有特点，病虫害的发生也有明显的不同。可用于集成小麦病虫绿色防控技术模式的单项技术主要有农业措施，抗病虫品种、健康土壤等；物理措施，灯光诱杀、色板诱集、信息素诱捕等；生物措施，天敌利用、生物农药、免疫诱抗、生长调节等；生态措施，生物多样性、生态调控等；新型环境友好化学防治，高效低毒杀虫、杀菌剂等，以及在病虫防治中的新型无人植保机、大型自走式防治器械等。

案例8－1

陕西省临渭区小麦病虫害全程绿色防控技术应用

陕西省临渭区植保部门针对常发的小麦赤霉病、条锈病、白粉病、吸浆虫、蚜虫、红蜘蛛等病虫，经过不断探索形成了“播前深翻＋抗病品种＋种子处理＋冬前化除＋免疫诱抗＋一喷三防”为主要内容的小麦病虫绿色防控技术模式。

关键绿色防控技术：一是秸秆还田，播前深翻，配方施肥。临渭区小麦的前茬作物一般是玉米，玉米收获后直接秸秆粉碎还田，并结合深翻，减少越冬病虫源；采用配方施肥技术，增施磷、钾肥，增强小麦抗病性。二是优选良种，科学拌种。选用西农3517、小偃22等抗病小麦品种；60%吡虫啉悬浮种衣剂133克＋6%戊唑醇悬浮种衣剂50克拌种100千克，减轻苗期麦蚜、地下害虫危害，推迟病害发生。三是诱杀技术。在麦蚜迁飞扩散期、吸浆虫成虫羽化期，应用黄色粘虫板诱杀蚜虫、吸浆虫等害虫；田间安装杀虫灯，诱杀鳞翅目、鞘翅目害虫成虫，减少落卵，减轻幼虫危害。四是穗期“一喷三防”技术。以赤霉病、白粉病、吸浆虫为主治对象，兼治穗蚜。药剂选用氯氰·吡虫啉、己唑醇、氨基寡糖素混合喷雾。

该技术模式的应用，取得了显著的经济、社会和生态效益。绿色防控区病虫害发生程度明显减轻，病虫危害损失控制在5%以内，减少化学农药使用25%，扣除秸秆还田、深翻、施肥、拌种及化防支出后粗略计算，亩增收125.7元（表8－1）。绿色防控技术应用，不但减少了农药残留，减轻了面源污染且有效地保护了天敌。

表 8-1　绿色防控区与农民自防区投资、产出对照表

项　目	绿控区	农民自防区
秸秆还田（元/亩）	40	0
深翻（元/亩）	30	30
平衡施肥（元/亩）	120	160
拌种（元/亩）	30	0
化防次数（次/亩）	3	4
化防药剂（元/亩）	50	56
人工费用（元/亩）	28	38
每亩化防总投入（元/亩）	78	94
每亩产量（千克）	516.7	458.5
小麦价格（元/千克）	2.4	2.4
每亩收入（元/亩）	1 240.08	1 100.4
扣除总投入后收入（元/亩）	942.08	816.4
每亩增收（元/亩）	125.68	

（二）水稻病虫绿色防控技术模式及案例

水稻是我们最主要的口粮作物，种植面积大、范围广、病虫害种类多、危害重、病虫害防治难度大、用药次数多。同时，稻米的营养价值高，食用人群比例高，对水稻产品质量要求也高。因此，水稻的病虫害绿色防控更加重要。

我国水稻种植区域划分为 5 大区域：华南稻区、长江中下游稻区、西南稻区、北方稻区和黄淮稻区。绿色防控技术措施有选用抗（耐）性品种、翻耕灌水灭蛹、健身栽培、清洁田园等农业措施，田埂留草等生态措施，性信息素诱杀等生物农药措施，稻螟赤眼蜂控害等生物措施，稻-鸭共育等生物多样性措施，物理阻隔育秧等物理措施，以及种子处理、带药移栽和穗期保护等合理用药技术。

案例 8-2

浙江省宁波市鄞州区水稻田病虫生态控制技术应用

浙江省宁波市鄞州区针对稻纵卷叶螟、稻飞虱、二化螟、纹枯病和稻曲病发生趋重，防治过度依赖化学农药，害虫抗药性增强，防治成本增加，稻

田生态系统破坏严重等问题，探索形成了“播前深翻灌水杀蛹＋选用抗病品种＋种子处理＋播后肥水控制＋稻-鸭共育＋种植诱虫植物＋灯诱、性诱＋生物农药”为主要内容的稻田病虫害生态控制技术模式（表 8－2）。

表 8－2　浙东沿海地区水稻田病虫害生态防控技术模式

<table>
<tr><td>时间</td><td>4月</td><td>5月</td><td>6月</td><td>7月</td><td>8月</td><td>9月</td><td>10月</td><td>11月</td></tr>
<tr><td>生育期</td><td>播前期</td><td>播种期</td><td>秧苗期</td><td>分蘖期</td><td>孕穗期</td><td>抽穗期</td><td>灌浆成熟期</td><td>收割期</td></tr>
<tr><td>主控对象</td><td>越冬螟虫</td><td>苗期病害</td><td>水生杂草、稻飞虱、稻水象甲、叶蝉、螟虫</td><td colspan="2">二化螟、大螟、稻纵卷叶螟、稻飞虱、稻瘿蚊、叶蝉</td><td colspan="2">螟虫、稻纵卷叶螟、稻飞虱、纹枯病、稻曲病</td><td></td></tr>
<tr><td rowspan="4">防治措施</td><td>深耕灌水</td><td>选种＋浸种</td><td colspan="3">稻-鸭共育</td><td colspan="2"></td><td>保留路边杂草</td></tr>
<tr><td></td><td colspan="6">合理施肥＋种植引诱作物</td><td></td></tr>
<tr><td></td><td></td><td colspan="4">杀虫灯＋性诱剂</td><td></td><td></td></tr>
<tr><td></td><td></td><td colspan="5">生物农药＋化学防治</td><td></td></tr>
</table>

该模式关键技术，一是在春季越冬代螟虫将近化蛹时，对茭白田及时灌水浸田 7～10 天，降低虫源基数。二是利用害虫趋性进行理化诱控。在田间安装杀虫灯，安装二化螟和稻纵卷叶螟性诱捕装置，诱杀害虫成虫。还可在稻田边种植茭白、玉米、香根草等诱集螟虫。三是稻-鸭共育。于水稻移栽 10 天后开始每亩投放 10～20 只幼鸭，抽穗前收鸭，利用鸭子在稻田中穿梭觅食，减轻水生杂草、稻飞虱、叶蝉、螟虫、纹枯病等病虫草害。四是生物农药防治技术。水稻生长后期，用苏云金杆菌、藜芦碱、苦参碱等生物农药防治稻飞虱、稻纵卷叶螟等，利用井冈霉素防控纹枯病、稻曲病等病害。五是健身栽培技术，通过提高水稻植株抗性，减轻病虫发生。具体包括选用抗病虫品种；播前晒种、选种、用来鲜胺浸种，培育无病壮秧；推行东西向、宽行窄株种植以及科学施肥和灌水等技术，促进秧苗生长。

该技术的使用，不但使示范区农田生态环境有效改善，同时取得了显著经济效益。扣除设施成本，示范区每亩节约药剂成本约 22 元，肥料成本 30 元。稻谷价格比农民自防区至少提高 1.5 倍以上（无公害大米），示范区群众经济收入大幅提高。

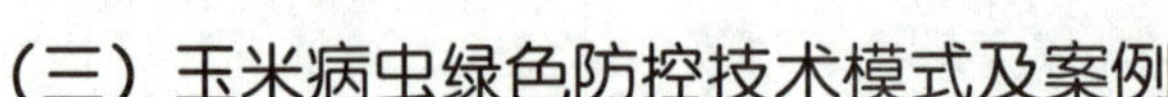

（三）玉米病虫绿色防控技术模式及案例

玉米是我国目前种植面积最大、分布最广、用途也最多的作物之一。近来随着种植结构的调整，玉米面积虽有所下降但仍在5亿多亩以上。玉米病虫发生情况非常复杂，常见的玉米病虫害主要有30多种。

玉米种植区主要有北方春播玉米区、黄淮海夏播玉米区、西南山地丘陵玉米区和西北玉米区。重点病虫主要有玉米螟、双斑长跗萤叶甲、地下害虫、黏虫、棉铃虫、蚜虫、二点委夜蛾、大斑病、茎腐病、穗腐病、玉米线虫矮化病、灰斑病等。主要的绿色防控技术有秸秆处理、深耕灭茬技术、抗病品种等农业措施，赤眼蜂、苏云金杆菌、白僵菌等生物制剂防治玉米螟等生物措施，诱杀灯等物理措施，玉米中后期的高秆作物自走式喷雾机械化学防治措施等。

案例8-3

北京市顺义区玉米病虫绿色防控技术应用

北京市顺义区玉米实行雨养旱作模式，随近年免耕技术的推广，土传病虫害及草害呈加重趋势。当地植保部门狠抓绿色防控示范区建设，探索形成了以“选择抗病品种＋种子药剂处理＋一封两杀＋赤眼蜂＋药剂防治偶发、突发害虫”为主要内容的玉米病虫草害全程绿色防控技术模式。

该集成模式关键技术，一是选用抗病品种，药剂处理种子。选用国家审定的高抗、多抗的玉米良种，播前精选种子，并采用多菌灵＋辛硫磷进行种子处理。二是苗前“一封两杀”技术。夏玉米播后苗前土壤封闭除草＋杀虫剂喷药防治达到化学除草、防治第2代黏虫、二点委夜蛾及麦茬残虫的目的。三是在玉米螟产卵初盛期释放赤眼蜂，每亩1个放蜂点，亩放蜂1万头，兼治棉铃虫、桃蛀螟等钻蛀性害虫。四是当甜菜夜蛾、褐足角胸叶甲等偶发性害虫达到防治指标时，选用高效、低毒农药甲氨基阿维菌素苯甲酸盐、阿维菌素、除虫脲等生物农药或仿生制剂进行防治。

通过全程绿色防控技术的应用，示范区玉米田每亩减少化学农药用量350克，仅占原来农药用量的36.4%。另外玉米螟等钻蛀性害虫在释放赤眼蜂防治后，每个劳力每个工作日可完成400～500亩防治任务，较常规采用毒土灌芯防治工效提高20～25倍，减少了劳动强度，节约了用工开支（图8-1）。

图 8-1　玉米病虫害绿色防控技术示范

（四）马铃薯病虫绿色防控技术模式及案例

马铃薯在我国栽培历史悠久，近年来随着我国种植业结构调整和人们消费习惯的变化，马铃薯成了我国第四大粮食作物。马铃薯适应性很广，在我国多数山区均有种植。主要的马铃薯产区有西南及武陵山种植区、西北种植区、华北种植区、华东及华南种植区和东北种植区。除马铃薯晚疫病为全国性重要病害之外，不同生态种植区的主要病虫各有不同。比较普遍的重要病虫有早疫病、黑痣病、病毒病、黑胫病、疮痂病、地下害虫、蚜虫和二十八星瓢虫。

马铃薯主要病虫防治的绿色防控技术有抗病品种、脱毒种薯、健身栽培等农业措施，诱虫灯、防虫网（主要用于种薯生产基地）、诱虫板等物理措施，生物农药、天敌利用等生物措施，以及与高效低毒、环境友好的化学农药配套的大型防治机械等措施。

案例8-4

内蒙古自治区乌兰察布市察右后旗马铃薯病虫绿色防控技术应用

由于近几年内蒙古自治区乌兰察布市察右后旗马铃薯大面积连片重茬种植，轮作倒茬不合理，病虫害呈逐年加重趋势，加之化学农药滥用引起的抗药性增强、农残增加等问题，制约了当地马铃薯产业进一步发展。为提高马铃薯质量，增强市场竞争力，当地植保部门针对马铃薯晚疫病、早疫病、黑痣病、枯萎病、芫菁、草地螟、地下害虫等病虫，大力推进和实施病虫害绿色防控技术，引导种植大户、农民科学使用农药，将农业、物理、生物、生态、化学防治方法有机结合，形成了适合当地的马铃薯病虫绿色防控技术模式。

该技术模式的核心技术，一是马铃薯脱毒种薯、种植抗病品种，并采用专用覆膜播种机播种，覆膜、铺设滴灌管、播种一次完成。二是高垄栽培（图8-2），结合滴灌技术（图8-3），降低田间湿度，减轻病害发生。三是拌种和垄沟喷药，提前保护预防，减轻后期发病。四是应用马铃薯晚疫病监测预警系统，准确掌握晚疫病流行动态，科学指导生长期用药。

通过上述绿色防控技术的应用，示范区不仅病虫得到有效控制，马铃薯产量得到保障，亩增产500千克以上，而且化学农药的用量减少了30%以上，该项技术得到当地群众的广泛认可和接受。

图8-2　高垄栽培

图8-3　滴灌技术

（五）油菜病虫绿色防控技术模式及案例

油菜是我国主要的油料作物之一，在我国的种植面积和总产均超过世界总量的1/4。我国主要有冬油菜和春油菜两种，主要作为油料作物在长江流域种植，该区域也是世界三大油菜主产区之一。油菜富含油脂、蛋白质，是油、菜、饲兼用的重要经济作物。危害油菜的主要病害有油菜菌核病、霜霉病、病毒病等，主要虫害有蚜虫、夜蛾、小菜蛾、菜青虫、跳甲等。

油菜病虫害绿色防控技术主要有种植抗病品种、轮作、健康栽培等农业措施，诱虫灯、色板诱蚜等物理措施，植物源、微生物、昆虫病毒等生物农药措施等。

案例8-5

青海省互助土族自治县春油菜病虫绿色防控技术应用

青海省互助土族自治县是我国春油菜的主要产区之一，油菜种植面积41万亩，占当地总耕地面积的近40%。但长期以来甲拌磷等高毒农药的大量使用，严重影响了油菜产品和生态环境的安全。经过连续几年的探索，当地初步形成了一套适合青海省东部农业区的油菜病虫害绿色防控技术模式。

该技术模式的主要技术内容：一是选用高产抗病虫品种，品种定期轮换，减轻油菜菌核病、油菜角野螟、黄条跳甲等病虫的危害；二是秋冬季深翻土地、清洁田园，减少越冬虫菌源；三是与小麦、马铃薯、青稞等合理轮作；四是在面积2亩以上的田块中间，种植两行成熟期比主栽品种早1周的油菜品种，以诱集害虫并于盛蕾期集中用药消灭害虫；五是药剂拌种，油菜播前3～7天用噻虫嗪可分散性种子处理剂+咯菌腈悬浮种衣剂拌种或包衣；六是理化诱控技术，通过在田间安置性诱装置（图8-4）、黄色粘板（图8-5）及杀虫灯（图8-6）等，诱杀小菜蛾、甘蓝夜蛾、油菜角野螟、油菜露尾甲、蚜虫等害虫。

图8-4　小菜蛾性诱捕器

以上技术模式的推广应用，得到当地油菜种植户的广泛认可，虽然绿色防控技术较传统方法每亩增加防治投入 17～23 元，但亩增产 34.2～38.4 千克，经济效益显著。

图 8－5　黄板诱杀

图 8－6　杀虫灯诱杀

（六）主要果树病虫绿色防控技术模式及案例

我国幅员辽阔，果树资源丰富，品种繁多，是世界最大的果树起源地之一。据统计，我国有果树种植面积 2 亿亩左右，是世界上种植面积最大、产量最多的国家。我国果树南方以柑橘等为主，北方以苹果、梨、桃、葡萄等种类较多。相对于大田一年生农作物，果树是多年生农作物，有相对较稳定的生态结构。同时，果树病虫害种类也较多，发生规律也较为复杂。

果树病虫害绿色防控，主要根据果园生态环境条件、果树种类、栽植水平等不同而有差异，但比较共性的防控措施有果园生态调控类，如果园生草、栽植密度调整、合理水肥管理、冬季清园等，物理技术如诱虫灯、诱虫板、信息素诱捕器等，生物防治技术如天敌涵养、生物农药等。由于果树个体大，在施药时需要的药液量大，对喷施机械也有较高要求。目前果园用弥雾机等先进机械也是绿色防控的重要组成部分。

案例 8－6

陕西省洛川县苹果病虫害绿色防控技术应用

陕西省洛川县位于渭北黄土高原，具有发展苹果产业得天独厚的自然条件，洛川苹果以其品质享誉国内外。近年随果树种植面积的逐年增加，为

为有效解决病虫发生种类增加，危害加重的问题，当地农业农村主管部门通过单项技术的集成优化，形成了适合当地苹果生产的病虫害全程防控技术模式。

该技术模式的核心技术，一是在冬季至早春果树萌芽前广泛开展果树修剪、果园清洁、枝干涂白、结合施肥深翻树盘等工作，减少虫菌源基数。二是通过合理修剪，科学施肥，合理负载，应用免疫诱导技术，增强树势，提高果树自身抗病虫能力。三是通过果园生草和释放捕食螨进行生态调控和生物防治。四是应用性诱剂、灯光、诱虫带等措施诱杀害虫成虫。五是根据果园病、虫、草和其他有害生物发生程度和药剂本身性能，在病虫系统监测的基础上，确定用药品种组合和施药适期。喷药时选用压力适中、雾化效果好的施药器械，对矮化、稀植果园尽量使用低容量喷雾器械；动力喷雾器选用多喷头喷杆挑高喷雾，禁止使用喷枪喷淋式用药。另外用药剂涂杆法预防腐烂病危害（表 8－3）。

表 8－3　陕西省洛川县苹果病虫害绿色防控技术模式

<table>
<tr><td>时间</td><td>12～2 月</td><td>3 月</td><td colspan="3">4 月</td><td colspan="3">5 月</td><td colspan="3">6 月</td><td colspan="2">7 月</td><td colspan="2">8 月</td><td colspan="3">9 月</td><td>10 月</td><td>11 月</td></tr>
<tr><td>旬</td><td></td><td></td><td>上</td><td>中</td><td>下</td><td>上</td><td>中</td><td>下</td><td>上</td><td>中</td><td>下</td><td>上</td><td>下</td><td>上</td><td>下</td><td>上</td><td>中</td><td>下</td><td></td><td></td></tr>
<tr><td rowspan="5">防治措施</td><td>清园＋摘除诱虫带</td><td>石硫合剂</td><td></td><td colspan="3">疏花＋人工捕杀＋刮除病斑＋糖醋液诱杀＋药剂 2</td><td colspan="4">疏果＋种草＋套袋＋桥接＋追肥＋药剂 3＋涂干 1</td><td colspan="7">夏剪＋割草＋药剂 4</td><td colspan="3">清园＋秋施基肥＋药剂 5</td></tr>
<tr><td>涂干 3</td><td colspan="3">药剂 1</td><td></td><td></td><td></td><td></td><td colspan="4">捕食螨</td><td></td><td></td><td colspan="4">绑诱虫</td><td></td><td></td></tr>
<tr><td></td><td></td><td></td><td></td><td></td><td></td><td></td><td></td><td></td><td></td><td>涂干 2</td><td></td><td></td><td></td><td colspan="3"></td><td></td><td></td><td></td></tr>
<tr><td></td><td colspan="2"></td><td colspan="14">杀虫灯</td><td></td><td></td><td></td></tr>
<tr><td></td><td></td><td colspan="15">性诱剂</td><td></td><td></td><td></td></tr>
</table>

通过以上技术的应用，示范区平均亩病虫防控成本 2 350 元，亩纯收入达 10 900 元，较常规平均亩投资 2 050 元、平均亩纯收入 6 835 元，分别增加 300 元和 4 065 元。

（七）设施蔬菜病虫绿色防控技术模式及案例

蔬菜是人们生活中必不可少的食物之一，我国蔬菜种类繁多，主要的有 100 多种。根据栽培条件不同，分为露地蔬菜和设施蔬菜。设施蔬菜因其人为可控程度高、反季节栽培、产值高、价格好等优点，得到了快速的发展。2016 年全国蔬菜播种面积 38 232 万亩，其中设施蔬菜占 21.5%。但特定的生产条件下，病虫害逐渐成了制约产业发展的重要因素，特别是一些农残问题严重影响了设施蔬菜的产品质量和声誉。因此，大力推广病虫害绿色防控技术是设施蔬菜产业发展之本。

设施蔬菜的绿色防控技术主要有抗病虫品种选择，耕作改制，优化农田生态等农业防治措施；薄膜避雨棚、遮阳网棚室、防虫网棚室，黄蓝板、诱虫灯、糖醋酒诱杀，覆盖银灰膜、银灰网避蚜，温汤浸种，高温闷棚，高温消毒，高频消毒，土壤连作障碍电化学处理等理化防治措施；天敌利用、抗生素农药、植物源农药、性诱剂等生物防治措施。在运用农业防治措施时，应尽量避免使用大量劳动力的传统农艺方式。

案例8－7

江苏省丰县日光温室番茄病虫害全程绿色防控技术应用

由于江苏省丰县日光温室蕃茄生长期相对较长，轮作换茬难，生长空间小，相对湿度较大，与露地番茄相比，灰霉病，叶霉病，早、晚疫病，黄化曲叶病毒病，烟粉虱，蚜虫，斑潜蝇等病虫发生早、危害期长，损失大。为防治病虫害，菜农们滥用化学农药现象突出，番茄农残超标严重，制约了该地区番茄生产。从 2003 年起，当地农业农村主管部门先后开展了黄板诱杀烟粉虱、生物农药防治蔬菜病虫、银灰膜驱避蚜虫等多项试验研究，初步形成了一套适合当地日光温室番茄安全生产的病虫害全程绿色防控技术模式。

该技术模式的主要技术内容，一是农业生态控制技术，包括播前合理轮作倒茬、清洁田园、选抗病良种、适时迟播、种子消毒处理等农业措施，以降低田间病虫基数，预防病虫发生；定植起垄栽培、水沟和垄上全面覆盖黑色地膜，并实行膜下暗灌技术，以降低田间湿度，减轻病害流行；生长期采取温湿度调控措施，收获后进行温室高温闷棚等。二是理化诱控技术，包括防虫网阻隔、色板诱控、灯光诱杀、性信息素诱控害虫技术。三是生物农药及高效低毒农药使用技术，包括对症选药、科学混配药剂，合理轮换用药及科学施药等技术。

通过本模式的应用，丰县凯宇果蔬专业合作社华山园区日光温室番茄产量和优质率明显提高，质量 100%符合国家农产品安全标准，天敌种类和数量明显多于常规防治区，经济效益、生态效益均较为显著。

（八）茶园主要病虫绿色防控技术模式及案例

茶叶是我国重要的经济作物，是广大茶农的主要经济来源。从古至今茶叶都是我国对外贸易农产品的主要品种之一，对我国出口创汇有着重要作用。我国茶叶种植范围广，面积大，主要分布在生态条件较好的山区、半山区。据 2017 年统计，我国茶园面积达到 4 600 多万亩，茶叶产量达到 255.7 万吨。茶叶是直接冲泡饮用品，对品质要求非常高。但由于个别地方对茶叶病虫害重视不够，防治中不合理使用化学农药，导致品质下降，甚至引起贸易纠纷。为此，加强茶园病虫害绿色防控十分必要，势在必行。

茶园病虫害绿色防控技术主要有生态调控技术，如种植抗病虫品种、合理田间管理、分批多次及时采摘、控制茶树高度、茶园深耕等；生物防治技术，如保护和利用茶园有益生物，使用微生物农药和植物源农药等；理化诱控技术，如光波诱控、色板诱控、性信息素诱杀等；化学防控技术，如高效、低毒、低残留农药合理轮换、混用、低容量喷雾等。

案例8－8

福建省大田县茶树病虫绿色防控技术应用

福建省大田县生产以铁观音为主的高山乌龙茶。茶树主要病虫害有茶假眼小绿叶蝉、蚜虫、黑刺粉虱、茶白星病、茶炭疽病等十余种，其中茶假眼小绿叶蝉、茶圆赤星病危害最重。为控制病虫，化学农药过度使用及农残问题成为制约当地铁观音茶销售的重要因素。近年当地政府高度重视茶叶质量、安全，积极探索茶树病虫绿色防控技术，形成了以理化诱控、免疫诱抗、生物防治为核心的绿色防控技术模式（表 8－4）。

该技术模式的关键技术：一是将以往高山乌龙茶区春、夏、秋三季铁观音等乌龙茶的加工，调整为春、秋两季，夏暑季加工东方美人茶，保证夏暑季整季不施肥、不打药，减少全年农药使用量，为天敌繁衍生息提供条件。二是田间安置杀虫灯诱杀茶尺蠖、茶毛虫等趋光性害虫成虫。三是利用信息素黄板诱杀茶假眼小绿叶蝉和茶黑刺粉虱。四是夏季田间安置性诱捕装置诱杀茶尺蠖成虫。五是利用生物制剂及环保型农药防治病虫害。六是春梢萌动期及夏季芽长 2～3 厘米时喷施氨基寡糖等免疫诱抗剂，提高植株抗病抗逆能力。

表 8－4　福建省大田县茶树病虫绿色防控技术模式

时间	10月	11月	12月	1月	2月	3月		4月		5月		6月	7月	8月		9月		10月
旬	下					上	下	上	下	上	下			上	下	上	下	上
生育期	休眠期					春茶期					夏暑期				秋茶期			
加工产品						铁观音或其他乌龙茶					东方美人茶或红茶				铁观音或其他乌龙茶			
主控对象	越冬病虫					茶假眼小绿叶蝉、蚜虫、黑刺粉虱、圆赤星病、芽枯病					茶假眼小绿叶蝉、蚜虫、茶尺蠖、茶毛虫、丽纹象甲、茶橙瘿螨、圆赤星病、炭疽病				茶假眼小绿叶蝉、蚜虫、黑刺粉虱、茶尺蠖、圆赤星病、茶饼病			
防控措施	清园＋封园					黄板诱杀												
						杀虫灯诱杀＋茶尺蠖性诱器												
						海岛素抗逆抗病增产												
						生物制剂＋人工释放天敌＋环保型农药												

通过以上技术模式的应用，大田县铁观音茶叶生产实现了由以往年平均施药 10 次，降低至 4 次。大田县已先后获得全国绿色食品原料茶叶生产基地县、全国茶叶优势区域生产县和全国唯一的“高山茶之乡”等称号。

（九）向日葵病虫绿色防控技术模式及案例

向日葵是我国部分地区主要的经济作物，分食用型和油用型两种，全国种植面积约 2 000 万亩，食用和油用比例为 7∶3。向日葵栽培主要分布在 6 个产区，即东北、内蒙古区、华北区、新疆区、黄河河套区、云贵高原区。

向日葵主要病虫害有锈病、菌核病、列当、地下害虫（金针虫、蛴螬、地老虎）、草地螟、向日葵螟等。针对这些病虫害的绿色防控技术有轮作、耕翻、抗病品种等农业措施，灯光诱杀、昆虫信息素诱捕、食物诱剂诱捕等物理措施，微生物农药、植物源农药、赤眼蜂等生物措施，以及以作物种植结构调整为主的生态控制措施等。

案例8－9

内蒙古自治区巴彦淖尔市向日葵病虫绿色防控技术应用

内蒙古自治区巴彦淖尔市是我国向日葵生产基地之一，主要病虫害有向日葵螟、向日葵黄萎病、向日葵菌核病、向日葵锈病等。近年，巴彦淖尔市积极倡导推广蜜蜂授粉技术，为保证授粉蜂群的安全，实现农药减量控害，当地探索形成了以农业防治、物理防治、生物防治为主要内容的绿色防控技术模式，实现授粉蜂群与向日葵安全生产的有机结合。

该绿色防控技术模式的关键技术（图8-7）：一是农业防控措施，包括选用抗向日葵螟的品种；调整播种期，躲避向日葵螟危害；在田埂地头种植茼蒿，诱集向日葵螟成虫，集中扑灭成虫及卵块；秋季不浇秋水，春季施肥、施药、覆膜一体化完成，降低向日葵螟越冬成活率，抑制向日葵菌核病发生流行；及时清洁收获及收购场所，降低虫菌源基数。二是物理防治措施，主要是利用向日葵螟成虫的趋光性，用杀虫灯诱杀向日葵螟成虫。三是生物防治技术，包括利用性引诱剂诱杀向日葵螟雄虫，在田间释放赤眼蜂防治葵螟。四是科学用药技术，使用环境友好型农药，尤其授粉期间禁止施用对蜜蜂不安全的化学农药。

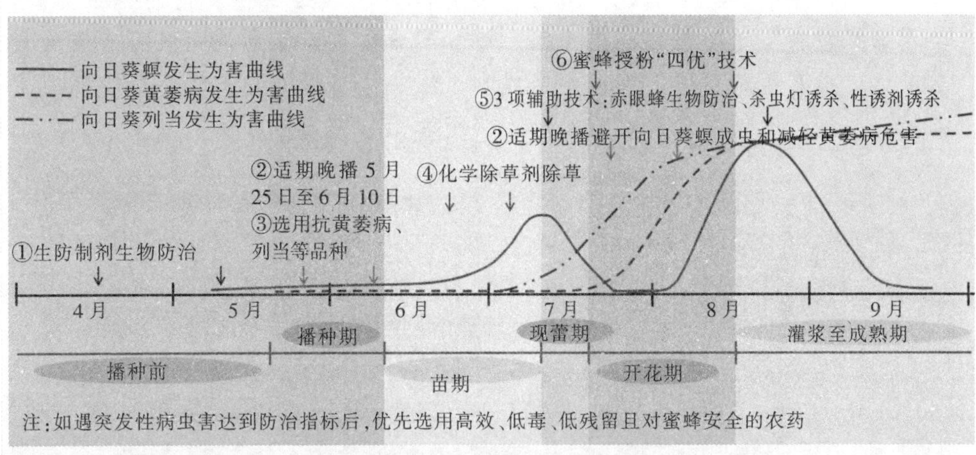

图8-7 河套灌区向日葵病虫害全程绿色防控技术模式图

以上绿色防控技术得到当地向日葵种植户的广泛认可和接受，对蜜蜂授粉技术的推广普及和保证向日葵的绿色高产起到了积极促进作用。

（十）蜜蜂授粉与绿色防控技术集成模式及案例

蜜蜂授粉与绿色防控技术集成是应农业绿色发展的需要，根据习总书记“两山”理论和对蜜蜂授粉的批示精神而开展的一类特殊的绿色防控技术模式。不同于以作物为主线的技术模式，此模式是以技术为主线的绿色防控技术模式，主要强调蜜蜂授粉增加产量、提高品质和绿色防控减少农药使用和保护蜜蜂安全，保护生态环境的作用。

蜜蜂授粉与绿色防控技术模式因作物不同、应用地区不同，可以有多种具体的技术模式，如以作物不同集成的 20 多种蜜蜂授粉与绿色防控技术模式，包括大豆蜜蜂授粉与绿色防控技术模式、设施草莓蜜蜂授粉与绿色防控技术模式、苹果蜜蜂授粉与绿色防控技术模式等。以作物类别归类可以分为以蜜源植物提供蜜蜂采蜜为主的绿色防控技术模式、以为作物授粉为主的蜜蜂授粉与绿色防控技术模式和特定的设施栽培作物蜜蜂授粉与绿色防控技术模式。

案例 8－10

梨蜜蜂授粉与绿色防控技术模式

梨为典型的自花不育、虫媒植物，梨花的授粉结实需要借助昆虫完成，梨树蜜蜂授粉不仅可以提高坐果率、增加产量和提升品质，而且可节省大量劳动力，提高生产效率，降低生产成本，维护生态平衡。山西运城香酥梨蜜蜂授粉与绿色防控技术集成模式如下（图 8－8、表 8－5）：

图 8－8　梨蜜蜂授粉与绿色防控技术

①蜜蜂授粉技术。配置授粉树，一般主栽品种与授粉品种的比例为 4∶1；蜜蜂品种选择和数量，选用意大利蜜蜂等西方蜜蜂品种，3～5 亩梨树 1 箱蜜蜂，蜂群势应 8 脾以上；蜜蜂出入场时间，在梨开花 10%之前傍晚蜜蜂入场，落花 70%左右，蜜蜂出场，结束授粉；蜂群摆放，采用梨园内单箱分

散均匀摆放或10～20群为1组集中摆放；蜂群管理，梨树授粉多在3月下旬至4月初，气温较低，要加盖保温物，维持箱内温度稳定，保证蜂群正常繁殖；诱导蜜蜂授粉，蜜蜂进场后，即梨树开花初期，每天用浸泡过梨花花瓣的糖浆饲喂蜂群，诱导蜜蜂为梨树进行授粉。同时要注意，梨授粉期间，保证蜂群具有干净充足的水源，蜂场半径3千米内禁止其他作物施药。

表8-5 蜜蜂授粉区梨树全生育期病虫害绿色防控技术模式

<table>
<tr><td>月</td><td>12</td><td>1</td><td>2</td><td colspan="2">3</td><td>3</td><td colspan="2">4</td><td>4</td><td colspan="2">5</td><td>5</td><td>6</td><td>7</td><td colspan="2">8</td><td>8</td><td>9</td><td>9</td><td>10</td><td>10</td><td>11</td></tr>
<tr><td>旬</td><td></td><td></td><td></td><td>上</td><td>中</td><td>下</td><td>上</td><td>中</td><td>下</td><td>上</td><td>中</td><td>下</td><td></td><td></td><td>上</td><td>中</td><td>下</td><td>上</td><td>中</td><td>中</td><td>下</td><td></td></tr>
<tr><td>生育时期</td><td colspan="3">休眠期</td><td colspan="2">萌芽至开花前</td><td colspan="3">花期</td><td colspan="3">幼果期</td><td colspan="5">套袋后至果实膨大期</td><td colspan="2">果实成熟期</td><td colspan="2">果实采收期</td><td colspan="2">落叶期</td></tr>
<tr><td>主控对象</td><td colspan="3">梨树腐烂病、干腐病、枝干轮纹病</td><td colspan="5">腐烂病、干腐病、黑星病、梨木虱、梨茎蜂、绿盲蝽、金龟子、叶螨</td><td colspan="3">梨黑星病、轮纹病、梨木虱、梨小食心虫、梨茎蜂、梨星毛虫、介壳虫</td><td colspan="11">梨木虱、梨小食心虫、梨黄粉蚜、梨大食心虫、梨象甲、梨网蝽、叶螨、黑星病、黑斑病、炭疽病</td></tr>
<tr><td>防治措施</td><td colspan="3">合理修剪＋清洁梨园＋伤口保护＋刮老翘皮＋树干涂白</td><td colspan="2">果园生草＋刮治病斑＋灯光诱杀＋全园喷药</td><td colspan="3">安装性诱捕装置、粘虫板、悬挂糖醋液瓶、释放捕食螨进行理化诱控＋人工捕捉等物理措施＋科学用药</td><td colspan="3">理化诱控＋套袋前药剂预防＋果实套袋</td><td colspan="5">性诱、糖醋液诱杀＋梨园除草＋科学用药</td><td colspan="2">秋施基肥＋地面覆草＋捆绑诱虫带＋物理防控措施</td><td colspan="2">科学用药</td><td colspan="2">清洁果园＋深翻土壤＋枝干涂白＋浇封冻水</td></tr>
<tr><td>备注</td><td colspan="22">①合理修剪。依据不同品种、不同树形、不同栽培密度及不同管理水平，采用不同的修剪手法，对梨树进行科学合理修剪，力求做到树势平衡，全园通风透光，立体结果。
②保护伤口。对直径超过1厘米的枝条剪口和锯口涂保护剂，预防病害、虫害和冻害。常用的保护剂有白乳胶漆、防水漆、石灰乳、甲基硫菌灵糊剂等。
③树干涂白。早春对梨树树干涂白。涂白剂的配方：水10份，生石灰3份，石硫合剂原液0.5份，食盐0.5份，油脂少许。先化开石灰，倒入油脂充分搅拌，再加水拌成石灰乳，最后放入石硫合剂和盐。
④果园生草。在梨树行间种植白三叶、扁茎黄芪、紫花苜蓿、繁缕等草种。播种时将地整平、耙细，将种子按行浅播土中，播种的深度不超过5厘米，草长到30厘米高时及时进行刈割，留茬5～10厘米，刈割部分覆盖在梨树树盘。</td></tr>
</table>

（续）

月	12	1	2	3	3	4	4	5	5	6	7	8	8	9	9	10	10	11
备注	⑤灯光诱杀害虫。在梨园安装频振式杀虫灯，诱杀金龟子、卷叶蛾、食心虫、毒蛾等害虫成虫。频振杀虫灯悬挂高度为梨树高度的2/3处，接虫口离地面1.5～2米，灯管功率15瓦特的单灯控制半径120米。注意及时用毛刷清理灯上的虫垢，袋内虫体深埋或作饲料用。 ⑥黄板诱杀。蜜蜂出场后，在树体中部向阳处悬挂黄色诱虫板，每公顷悬挂规格为（20厘米×25厘米）或（25厘米×30厘米）的黄板40～60张，诱杀梨茎蜂、蚜虫。4月底及时收回集中处理。 ⑦糖醋液诱杀害虫。梨树冠内挂糖醋液诱杀金龟子、梨小食心虫等多种害虫。糖醋液的配方：糖1份，醋3份，酒0.5份，水10份，对好后装瓶，挂树上，每天收虫添液，10～15天更换1次。 ⑧释放捕食螨。叶螨开始活动时，释放胡瓜钝绥螨防治害螨。将捕食螨缓释袋固定在主干树权处。一般1袋/株，捕食螨数量>1 500头/袋。 ⑨性信息素防治。选购梨小食心虫性诱剂诱芯和诱捕器。每亩放置诱捕装置4～6个，悬挂高度为1.5米，诱芯每月更换1次。或使用梨小食心虫缓释性信息素迷向丝干扰梨小食心虫交配，一般每公顷放置30～50条，迷向丝绑梨树中上部枝条上，50天后再用1次。 ⑩果实套袋。果实套袋在盛花后30～45天内完成，选用优质防虫果袋，套袋时将果实袋绑在近果胎处的果柄上，使梨幼果悬空在袋内，以防袋纸磨擦果面出现锈斑。果实套袋要与喷药预防密切配合，套袋前要根据病虫害的发生情况喷1～2次药，待药干后立即进行																		

②为配合蜜蜂授粉，梨园绿色防控技术根据生育期主要有以下内容：一是合理修剪、保护伤口、树干涂白、果园生草。二是安装诱虫灯、黄板、糖醋液诱杀害虫。三是释放捕食螨、安装性信息素诱捕器和果实套袋（具体使用时可以参照各绿色防控产品说明书）。

案例8－11

设施草莓蜜蜂授粉与绿色防控技术模式

草莓花为双性花，同一朵花内包括雄蕊和雌蕊，自交亲和，同朵花即可完成授粉结实。但保护地栽培草莓棚室内空气流动弱，不利风媒传粉。开花期处于秋冬季节，气温较低，自花授粉果实畸形率高、单果重小、产量低。通过蜜蜂辅助授粉能显著提高产量30%～40%，降低畸形果率，改善品质。北京市设施草莓蜜蜂授粉与绿色防控技术如下（图8－9、表8－6）：

表 8-6 北京蜜蜂授粉绿色防控技术体系的集成

项目	措施
全园清洁	对整个草莓园区进行全面清洁，包括清除杂草、植株残体，集中回收废弃物等。
培育无病虫苗	因地制宜选择抗病优良品种，有条件地区可使用草莓脱毒苗，避免幼苗携带病毒；购买种苗时，要仔细检查种苗是否带有叶螨、炭疽病等重要病虫，要选择无病虫的优质种苗，避免将病虫带入生产棚室中。 草莓种苗定植前使用藜芦碱、枯草芽孢杆菌等进行喷雾，预防红蜘蛛、白粉病、灰霉病等气传病虫害，使用寡雄腐霉、芽孢杆菌蘸根预防土传病虫，最大程度确保种苗无病虫。
定植前棚室表面消毒	定植前棚室采用太阳能高温闷棚 20～45 天，或臭氧 15 毫克/升以上密闭熏蒸 2～3 小时，或使用硫磺 500 克/亩、10%异丙威烟剂 400 克/亩复合密闭熏蒸 24 小时，或 60%辣根素复合生物熏蒸剂 300 毫升/亩熏蒸 24 小时。
定植前棚室土壤消毒	有根结线虫的草莓棚室使用棉隆或辣根素进行土壤消毒；有炭疽病、根腐病等土传病害的草莓棚室使用石灰氮或辣根素等药剂进行土壤消毒。
病害防治	有机肥要彻底腐熟，防止带入病虫；门口加消毒池，减少土传病虫带入；采用膜下滴灌，降湿度控病害；及时清除病残体，减少病虫源数量；病害易发期，寡雄腐霉菌 15 克/亩喷雾 2～3 次，预防病害发生；白粉病预防：电热硫磺熏蒸每次 3～4 小时，每周 2～3 次，连续熏蒸 1 周；病害发生严重时，使用腐霉利烟剂或百菌清烟剂防治 1～2 次，使用农药时将蜜蜂搬出温室，时间 2～5 天，根据不同农药的持效期确定。
虫害防治	定植前在通风口挂设 40 亩防虫网阻隔蚜虫进入；结合定苗、绑架和打杈管理，随时清除带有叶螨、蚜虫的老叶；悬挂黄板和蓝板对蚜虫、蓟马等害虫进行监测；在叶螨发生初期释放捕食螨进行防治，种群密度达到益害比 1∶30～1∶10，或≤2 头/叶时释放捕食螨。药剂防治宜在虫口密度较低时进行，蚜虫、叶螨使用 99%绿颖矿物油 1 升/亩喷雾防治，3～4 天 1 次，连续 2～3 次；虫害发生严重时，使用吡蚜酮、苦参碱等对蜜蜂低毒或可以快速分解的化学农药喷雾防治 1～2 次。花期严禁使用吡虫啉、噻虫嗪等对蜜蜂高毒且持效期长的农药。使用农药时将蜜蜂搬出温室 3～7 天，根据不同农药的持效期确定。
残体无害化处理	收获后，将植株集中到棚室外，选择平整向阳的地方用废旧棚膜覆盖，四周用土压实，高温堆沤，杀灭残存病虫。有条件的园区可采用移动式臭氧农业垃圾处理装置，进行就地快速除害处理，实现资源就地利用。

图 8-9　设施草莓蜜蜂授粉与绿色防控技术

①选用性情温和抗逆性强的西方蜜蜂各亚种或杂交种，设施草莓大棚每亩配置1个（3～4框）有王授粉蜜蜂蜂群。植株开花5%左右时，放蜂入场授粉，一个蜂群的授粉期为120～150天。蜂群放在棚室中心位置，距地面高度0.5～0.8米，蜂箱坐北朝向南。当蜂群内贮蜜不足时，可人工饲喂。

②草莓花期长，病虫害种类多，蜜蜂授粉对绿色防控技术要求高，需要全生育期采取绿色防控措施。草莓定植前全园清洁，棚室表面和土壤消毒，培育无病虫苗、选择抗病优良品种，定植前使用藜芦碱、枯草芽孢杆菌等进行喷雾，预防红蜘蛛、白粉病、灰霉病等气传病虫，使用寡雄腐霉、芽孢杆菌蘸根预防土传病虫，最大程度确保种苗无病虫。在通风口挂设40目防虫网防虫，结合定苗和打杈管理，清除带有叶螨、蚜虫的老叶，在叶螨发生初期释放捕食螨进行防治；悬挂黄板和蓝板监测蚜虫、蓟马等，虫害发生严重时，使用吡蚜酮、苦参碱等对蜜蜂低毒或可以快速分解的化学农药喷雾防治；使用农药时将蜜蜂搬出温室，施药结束后，将蜜蜂搬回温室。

绿色防控集成技术模式因作物、地域和技术的不同，各地在实际应用中集成了多种不同的模式，各有其特点，因此，在应用和参考绿色防控技术模式时，一定要与当地的生态条件、主要防治对象相适应，不可僵化照搬。同时，绿色防控技术的集成模式，需要根据主要防治对象的变化而及时调整。如在使用初期，为快速压低害虫基数，可以杀虫灯等物理措施为主，但当种群控制在一定范围后，就要改用对天敌、有益昆虫安全的其他诱杀技术，以保护生态系统的生物多样性。

思考与训练

1. 集成技术和综合防治是一回事吗?
2. 不同技术模式的特点和优势是什么?
3. 选择应用各种绿色防控技术模式应考虑哪些应用条件?

主要参考文献

孔德生，孙明海，朱晓明，等，2015. 邹城市农作物病虫害专业化统防统治与绿色防控融合推进的实践及成效［J］. 中国植保导刊，35（4）：85-87.

刘刚，2014. 农业部种植业管理司印发《农作物病虫专业化统防统治与绿色防控融合试点方案》［J］. 农药市场信息（8）：45.

农业部办公厅，2011. 关于推进农作物病虫害绿色防控的意见［J］. 中国植保导刊，31（6）：5-6.

农业部办公厅，2013. 蜜蜂授粉与绿色防控增产技术集成应用示范方案［J］. 山东农药信息（11）：45-46.

危朝安，2010. 我国植物保护工作的形势和任务［J］. 中国植保导刊，30（5）：5-7.

夏敬源，2010. 大力推进农作物病虫害绿色防控技术集成创新与产业化推广［J］. 中国植保导刊，30（10）：5-9.

杨普云，赵中华，2012. 农作物病虫害绿色防控技术指南［M］. 北京：中国农业出版社.

杨普云，赵中华，梁俊敏，2014. 农作物病虫害绿色防控技术模式［M］. 北京：中国农业出版社.

袁会珠，2011. 农药使用技术指南［M］. 北京：化学工业出版社.

赵清，2015. 农作物病虫害专业化统防统治指南［M］. 北京：中国农业出版社.

赵清，邵振润，2014. 我国农作物病虫害专业化统防统治发展现状与思考［J］. 中国植保导刊，34（2）：72-75.

赵中华，黄家兴，张礼生，2016. 蜜蜂授粉与绿色防控技术集成原理与实践［M］. 北京：中国农业出版社.

赵中华，尹哲，杨普云，2011. 农作物病虫害绿色防控技术应用概况［J］. 植物保护，37（3）：29-32.

图书在版编目（CIP）数据

农作物病虫害统防统治/中央农业广播电视学校组编．—北京：中国农业出版社，2019.2（2024.12 重印）
农业农村部农民教育培训规划教材
ISBN 978-7-109-25271-4

Ⅰ.①农… Ⅱ.①中… Ⅲ.①作物－病虫害防治－技术培训－教材 Ⅳ.①S435

中国版本图书馆 CIP 数据核字（2019）第 035974 号

中国农业出版社出版
（北京市朝阳区麦子店街 18 号楼）
（邮政编码 100125）
责任编辑 高 原 高宝祯

北京中兴印刷有限公司印刷 新华书店北京发行所发行
2019 年 2 月第 1 版 2024 年 12 月北京第 7 次印刷

开本：720mm×960mm 1/16 印张：12
字数：205 千字
定价：30.00 元
凡本版教材出现印刷、装订错误，请向中央农业广播电视学校教材处调换
联系地址：北京市朝阳区麦子店街 24 号楼 邮政编码：100125
电话：010－59196053/6055
网址：www.ngx.net.cn